高等职业教育机电类专业系列教材

AutoCAD 机械绘图

钱 坤 编

机 械 工 业 出 版 社

本书采用项目化任务驱动的编写形式,以机械绘图为主线,融入AutoCAD命令,配置规范、清晰、标准的机械图样,按照机械制图课程知识内容顺序,通过简单图形、平面图形、三视图、剖视图、标准件、图形标注、零件图、装配图及图形打印、查询项目实施,支撑专业课程绘制零件图、装配图的能力。书中系统地介绍了使用AutoCAD绘制机械图样的命令及操作方法。每个项目后配有综合练习题。为了提高阅读效果,本书采用双色印刷。

本书是一本以机械制图知识为基础的、机械类专业基础课程的教材,对高等职业院校学生和应用型本科院校学生具有很强的针对性和实用性。本书可作为高等职业院校机械类专业教学用书,也可供应用型本科学生使用,还可作为成人教育的培训教材。

图书在版编目(CIP)数据

AutoCAD 机械绘图 / 钱坤编 . — 北京:机械工业出版社,2017.1
(2025.1 重印)
高等职业教育机电类专业系列教材
ISBN 978-7-111-55805-7

Ⅰ.① A… Ⅱ.①钱… Ⅲ.①机械制图—AutoCAD 软件—高等职业教育—教材 Ⅳ.① TH126

中国版本图书馆 CIP 数据核字(2017)第 002839 号

机械工业出版社(北京市百万庄大街 22 号 邮政编码 100037)
策划编辑:薛 礼　　　　　　责任编辑:薛 礼
责任校对:张 薇 刘怡丹　　　封面设计:鞠 杨
责任印制:单爱军
北京虎彩文化传播有限公司印刷
2025 年 1 月第 1 版第 13 次印刷
184mm×260mm · 12.25 印张 · 283 千字
标准书号:ISBN 978-7-111-55805-7
定价:39.00 元

电话服务　　　　　　　　　　网络服务
客服电话:010-88361066　　　机 工 官 网:www.cmpbook.com
　　　　　010-88379833　　　机 工 官 博:weibo.com/cmp1952
　　　　　010-68326294　　　金 书 网:www.golden-book.com
封底无防伪标均为盗版　　　机工教育服务网:www.cmpedu.com

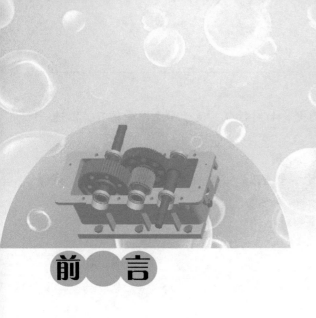

前　言

　　本书根据《教育部关于全面提高高等职业教育教学质量的若干意见》，大力推行工学结合，加大课程建设与改革的力度，增强学生的职业能力，改革教学方法和手段，融"教、学、做"为一体，强化学生能力的培养，加强教材建设的课改思想，结合作者 15 年的企业产品设计研发和 16 年"机械制图""AutoCAD"课程的教学经验编写而成。

　　本书以 AutoCAD 中文版为基础，以机械绘图为主线，项目化任务驱动融入 AutoCAD 功能命令，按照机械制图课程知识内容顺序，通过平面图形、三视图、剖视图、标准件、零件图、装配图项目的实施，着力培养学生的零件图、装配图的绘图技能，把绘图项目作为教材内容主体，AutoCAD 命令作为工具配合融入。

　　本书内容由浅入深逐步展开，所有项目均以机械制图的内容为载体，以加强学生对机械制图知识、标准的应用与巩固。全书共分 9 个项目，包括绘制简单图形、绘制平面图形、绘制三视图、绘制剖视图、绘制标准件、图形标注、绘制零件图、绘制装配图和图形打印、查询。每个项目均配置了规范、清晰、标准的机械图样。在每个项目后配有综合练习题，学生可结合书中内容进行同步操作练习。

　　本书精心设计了多个项目模块，采用最直接、最有效的绘图方法，介绍 AutoCAD 命令的操作过程。结构如下：

　　1）【知识目标】和【能力目标】：根据项目内容，明确目标要求。

　　2）工作任务：提出要完成的（绘图）任务及要求。

　　3）知识准备：完成任务所涉及的相关知识及介绍。

　　4）任务实施：介绍 AutoCAD 绘图的详细过程。

　　本书具有以下特点：

　　1）通过绘图实例的讲解，培养学生的绘图技能，使学生逐步掌握使用 AutoCAD 软件绘制机械图样的方法。

　　2）紧扣机械制图知识和相关标准，服务专业课程对零件图、装配图的要求。

　　3）项目化任务驱动融入 AutoCAD 功能命令的编写形式，便于课堂教学，着力提高学生的绘图能力。

4）每个项目都配有一定数量的综合练习题，针对性强，便于学生课堂练习，以进一步巩固所学知识。

5）为提高学生的阅读效果，本书采用双色印刷。

本书由杭州职业技术学院钱坤编写，由于水平有限，书中的不足之处在所难免，诚请读者批评、指正。

编　者

二维码目录

V

（续）

（续）

目　录

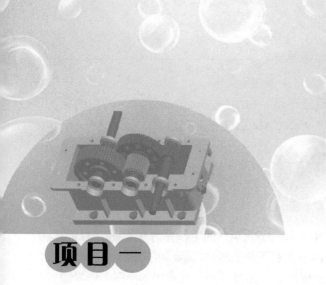

项目一

绘制简单图形

AutoCAD 是由美国 Autodesk 公司于 20 世纪 80 年代初为在微型计算机上应用 CAD 技术而开发的绘图程序软件包，经过不断地完善，现已经成为国际上流行的绘图工具。

AutoCAD 可以绘制任意二维和三维图形，它与传统的手工绘图相比，绘图速度更快、精度更高，且易于修改，已经在航空、航天、造船、建筑、机械、电子、化工、轻纺等很多领域得到了广泛应用，是目前世界上应用最广的软件之一。AutoCAD 软件具有如下特点：

1）具有强大的绘图功能。可以方便地绘制二维、三维图形。

2）具有灵活的图形编辑功能。将"绘图"与"编辑"命令结合使用，可以快捷、准确地绘制出各种复杂的图形。

3）具有方便的图形文字、尺寸、公差标注功能。

4）具有图层颜色、线型和线宽设置管理功能。

5）具有精确绘图的辅助功能。

6）具有显示控制功能。图形可以精确显示，图形输出方便、快捷。

7）具有用户二次开发功能。可以采用多种方式进行二次开发或用户定制。

8）可以进行多种图形格式的输出，具有较强的数据交换能力。

9）支持多种硬件设备、多种操作平台。

10）具有完善、友好的帮助功能。

此外，还有设计中心（ADC）、多文档设计环境（MDE）、Internet 驱动、增强的标注功能以及局部打开和局部加载的功能，从而使 AutoCAD 系统更加完善。

任务一　AutoCAD 基本操作

一、AutoCAD 工作界面

启动 AutoCAD 后，其初始界面如图 1-1 所示。AutoCAD 的工作界面有 AutoCAD 经典、三维建模和二维草图与注释三种方式。左键单击右下角 初始设置工作空间 可切换工作空间，选择"AutoCAD 经典"，如图 1-2 所示为"AutoCAD 经典"工作空间，是常用的绘图工作界面。

图 1-1　AutoCAD 初始界面

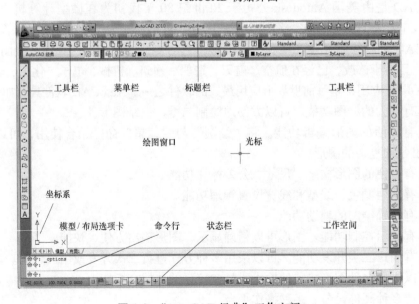

图 1-2　"AutoCAD 经典"工作空间

AutoCAD 经典工作界面主要由标题栏、菜单栏、工具栏、绘图窗口、光标、命令行及状态栏等组成。

1. 标题栏

标题栏位于界面的顶部，用于显示当前正在运行的程序名称及保存和打开的路径、文件名等信息。如果是 AutoCAD 默认的图形文件，其名称为 Drawing?.dwg（？是数字，如 Drawingl.dwg、Drawing2.dwg…）。

单击标题栏右端的 ▬▫✕ 按钮，可以最小化、最大化或关闭程序窗口。标题栏最左端的 ▲ 是"菜单浏览器"按钮，在该菜单中有"新建""打开""保存""另存为""输出""打印""发布""发送""图形实用工具"和"关闭"等选项。标题栏左端的 ▦▫▫↶↷▫▾ 是功能强大的"快速访问工具栏"，在这里可找到常用的"新建""打开""保存""撤销""重做"和"打印"命令。

2. 菜单栏

AutoCAD 中的菜单栏为下拉菜单，由"文件""编辑""视图""插入""格式""工具""绘图""标注""修改""参数""窗口"和"帮助"12 个菜单组成，这些菜单包括了 AutoCAD 中的全部功能和命令。菜单栏中所显示的为主菜单，用户可在主菜单项上单击鼠标左键，弹出相应的菜单项。例如单击菜单栏中的"绘图"菜单，如图 1-3 所示。

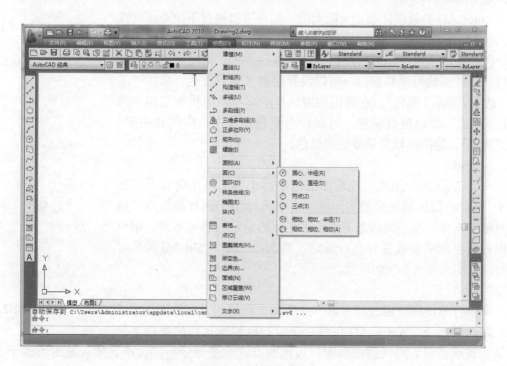

图 1-3 "绘图"菜单

3. 工具栏

工具栏为用户提供了更为快捷、方便地执行 AutoCAD 命令的一种方式，它由若干图标按钮组成，这些图标按钮分别代表了一些常用的命令。用户直接单击工具栏上的图标按钮就可以调用相应的命令，然后根据对话框中的内容或命令行上的提示执行进一步的操作。在 AutoCAD 经典工作空间，默认状态下"标准""样式""图层""属性""绘图"和"修改"等工具栏处于打开状态，图 1-4 所示为处于浮动状态下的"标准""绘图"和"修改"工具栏。

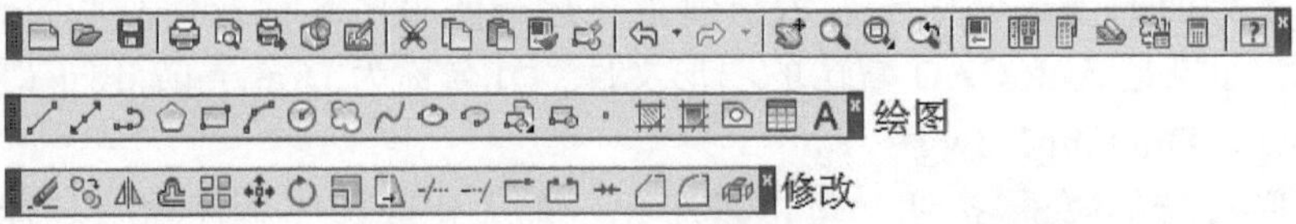

标准

绘图

修改

图 1-4 "标准""绘图""修改"工具栏

如果要显示当前隐藏的工具栏，可在任意工具栏上单击鼠标右键，此时将弹出一个快捷菜单，通过选择项可以显示对应的工具栏，如图 1-5 所示。

4. 绘图窗口

绘图窗口是绘图的工作区域，用户可在这里绘制和编辑图形。在绘图窗口中除了显示当前的绘图结果外，还显示了当前使用的坐标系类型，默认情况下，坐标系为世界坐标系（WCS）。绘图窗口的左下角有"模型"和"布局"选项卡，单击它们可以在模型空间和图纸空间来回切换。

AutoCAD 的绘图区域是无限大的，用户可以通过下拉菜单"视图 / 缩放、平移"或工具栏 等命令在有限的屏幕范围内观察绘图区中的图形，也可以用鼠标滚轮进行操作，滚动滚轮可缩放窗口，按住滚轮可平移窗口。可以设置绘图区背景颜色，单击"工具 / 选项 / 显示 / 颜色"，在弹出的对话框中对"二维模型空间"的"统一背景"颜色进行设置，可以设为黑色，单击"应用并关闭"或"确定"，绘图区域背景即变为黑色。

5. 光标

AutoCAD 的绘图光标在绘图区域中呈十字形状（简称十字光标），但在绘图区域外呈箭头形状。十字光标用于进行拾取点、选择对象等操作，在不同状态下，十字光标的显示状态也不同。用户可以根据绘图需要或爱好自行设定，单击"工具 / 选项 / 显示"可进行"十字光标大小"的设置。

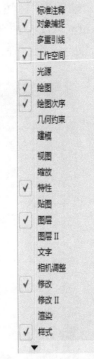

图 1-5 工具栏快捷菜单

6. 命令行

命令行是供用户通过键盘输入命令和参数的地方，如图 1-6 所示。默认状态下，AutoCAD 在命令提示行保留所执行的最后 2 行命令或提示信息。可通过拖动窗口边框的方式改变命令行的大小，使其显示不少于 3 行的信息。

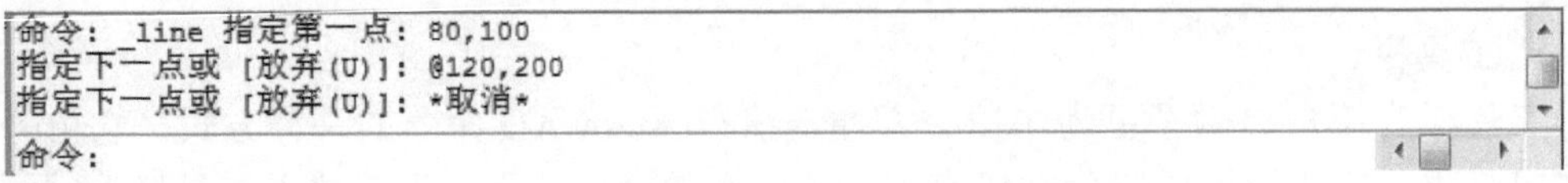

```
命令: line 指定第一点: 80,100
指定下一点或 [放弃(U)]: @120,200
指定下一点或 [放弃(U)]: *取消*
命令:
```

图 1-6 命令行

7. 状态栏

状态栏位于屏幕的最底端。左侧显示的是当前十字光标所处的三维坐标值。中间显示的是绘图辅助工具的开关按钮，包括捕捉模式、栅格显示、正交模式、极轴追踪、对象捕捉、对象追踪、动态 UCS、动态输入、显示线宽和快捷特性按钮。右侧显示的是模型、快速查看布局、快速查看图形、平移、缩放、注释比例、切换工作空间、锁定工具栏、全屏等按钮，如图 1-7 所示。单击按钮，当其呈凹下亮的状态时；表示此功能打开；当其呈凸起不亮状态时，此功能关闭。各按钮的作用将在以后知识点中具体介绍。

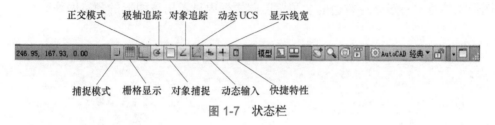

图 1-7　状态栏

二、图形文件管理

AutoCAD 中图形文件的管理包括新建图形文件、打开图形文件和保存图形文件等操作。

1. 新建图形文件

新建文件有以下三种方式：

1）单击 "菜单浏览器" / "新建"。

2）单击工具栏中的 "新建" 按钮。

3）命令行：new。

执行以上任何一种操作，系统弹出 "选择样板" 对话框，如图 1-8 所示。通过该对话框选择对应的样板后，单击 "打开" 按钮，就会以相对应的样板为模板建立新图形，或者单击 "打开" 右侧下拉按钮，选择 "无样板打开 - 公制（M）"。

图 1-8　"选择样板" 对话框

2. 打开图形文件

图形文件的打开有以下三种方式：

1）单击 "菜单浏览器" / "打开"。

2）单击工具栏中的 "打开"按钮。

3）命令行：open。

执行图形文件打开命令，系统弹出"选择文件"对话框，如图 1-9 所示。选择要打开的图形文件后，单击"打开"按钮，即可打开该图形文件。在"选择文件"列表框内选中某一图形文件时，一般会在右边的"预览"图像框内显示出该图形的预览图像。

图 1-9　"选择文件"对话框

3. 保存图形文件

图形文件的保存有以下几种方式：

1）单击 "菜单浏览器" / "保存"或"另存为"。

2）单击工具栏中的 "保存"按钮。

3）命令行：qsave。

执行图形文件保存命令，则弹出图 1-10 所示的"图形另存为"对话框，指定文件保存的路径和名称，则图形文件被保存。

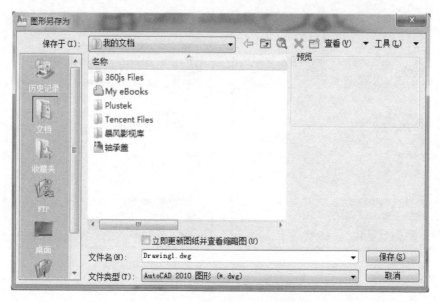

图 1-10 "图形另存为"对话框

三、设置绘图环境

使用 AutoCAD 创建一个图形文件时，通常需要先进行一些基本的设置，如图形单位、图形界限（绘图区域）及绘图辅助工具（如极轴追踪、对象捕捉、对象追踪）等。

1. 设置图形单位

在默认情况下，AutoCAD 中的图形单位为十进制。根据设计需要，可设置单位类型和数据精度。

【功能】设置图形单位。

【命令】菜单：格式 / 单位。

命令行：units。

【操作】命令输入后，AutoCAD 弹出图 1-11 所示的"图形单位"对话框。设置长度单位类型和精度，十进制即为"小数"类型，精度由小数点后 4 位改为 1~2 位，具体可根据图样尺寸来设置。角度单位类型和精度应按图样上的角度类型和精度来设置，如十进制度数或度 / 分 / 秒，设置完成，单击"确定"按钮。注意："度 / 分 / 秒"角度类型的输出格式为"0d00′00″"。

2. 设置图形界限

在 AutoCAD 中，可以在模型空间中设置一个想象的矩形绘图区域，称为图形界限。图形界限用于确定绘图的区域大小。图纸幅面尺寸见表 1-1。

【功能】设置绘图区域。

【命令】菜单：格式 / 图形界限。

命令行：limits。

【操作】输入命令后，命令行提示如下：

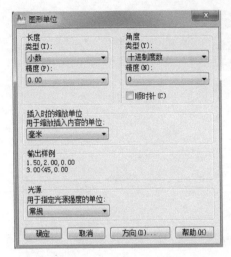

a) b)

图 1-11 "图形单位"对话框

a)十进制度数 b)度/分/秒

表 1-1 图纸幅面尺寸 （单位：mm）

幅面代号	A0	A1	A2	A3	A4
$B \times L$	841 × 1189	594 × 841	420 × 594	297 × 420	210 × 297
a	25				
c	10			5	
e	20		10		

命令：'_limits

重新设置模型空间界限：

指定左下角点或[开（ON）/关（OFF）]<0.00，0.00>：0，0

指定右上角点<12.00，9.00>：（按照图纸幅面尺寸输入坐标）210，297

单击下拉菜单"视图/缩放（Z）/全部（A）"或在命令行输入：Z（ZOOM）+〈Enter〉键，A+〈Enter〉键。在当前屏幕内显示全部图形界限并且居中。

3. 设置绘图辅助工具

在绘图时，灵活运用 AutoCAD 所提供的绘图辅助工具进行准确定位，可以有效地提高绘图的精确性和效率。在 AutoCAD 中，可以使用系统提供的极轴追踪、对象捕捉、对象追踪等功能，进而快速、精确地绘制图形。

（1）极轴追踪 极轴追踪是使用相对极坐标形式进行自动跟踪来绘制指定角度的对象。它是以一个输入点为中心，在设定的极轴增量角方向上显示追踪线（虚线），可在该线上获取点或线，这些线可以是水平线、铅垂线和有角度要求的图线。

设置极轴追踪时，右键单击状态栏中的 "极轴追踪"按钮，选择"设置"选项，或者单击菜单"工具/草图设置"，出现"草图设置"对话框；选择"极轴追踪"选项卡，勾选"启用极轴追踪"复选框，设置极轴角增量，同时在"对象捕捉追踪设置"选项中，选择"用所有极轴角设置追踪"项，如图1-12所示。

图1-12 "极轴追踪"选项卡

使用时按下状态栏中的 "极轴追踪"按钮，在运行命令时指定点（端点、圆心，输入坐标等）后，光标围绕该点转动时，可按预设的增量角度及倍数显示一条条角度追踪线（虚线）及光标点的极坐标值，此时输入距离值，即可获得所需方向的图线。例如，极轴增量角设置为30°，则极轴追踪线分别为0°、30°、60°、90°、120°等30°角的倍数角。可画出水平线、铅垂线和30°的倾斜图线，如图1-13所示。

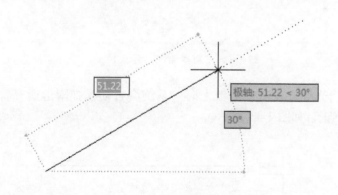

图1-13 极轴追踪

（2）对象捕捉 对象捕捉是AutoCAD中最为重要的辅助工具，使用频率非常高。在命令状态下可以通过它准确地捕捉到特定目标点，即对象上的一些特征点，如端点、中点、交点、圆心、切点、垂足、平行线等。为此，AutoCAD提供了两种对象捕捉方式：单点捕捉和自动捕捉。

1）单点捕捉。"对象捕捉"工具栏中的各单点捕捉按钮如图1-14所示。

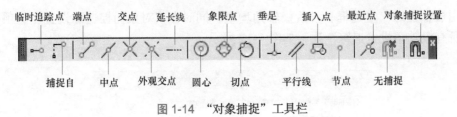

图 1-14 "对象捕捉"工具栏

在绘图过程中，当要求用户指定点时，单击该工具栏中相应的特征点按钮，再把光标移到要捕捉对象上的特征点附近，显示捕捉标记时单击鼠标左键即可捕捉到相应的对象特征点。每次只能选择一个特征点。

2）自动捕捉。设置对象捕捉时，右键单击状态栏中的 □ "对象捕捉"按钮，选择"设置"选项，或者单击下拉菜单"工具/草图设置"，出现"草图设置"对话框；选择"对象捕捉"选项卡，然后在对象捕捉模式下选中需要自动捕捉的特征点，如图 1-15 所示。

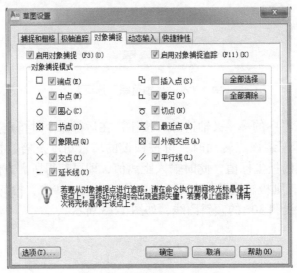

图 1-15 "对象捕捉"选项卡

自动捕捉时，当光标放在一个对象上时，系统会自动捕捉附近所有符合条件的特征点，并显示相应的标记，如图 1-16 所示。

图 1-16 捕捉到端点

（3）对象捕捉追踪（简称对象追踪） 对象捕捉追踪功能以一个对象捕捉点为中心，在给定的极轴增量角方向上显示追踪线（虚线），可在该线上获取指定距离的点、与对象的交点，或在两条追踪线上获得交点等，如图 1-17 所示。

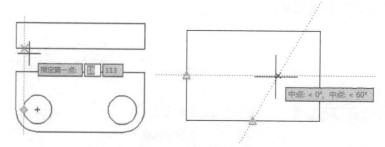

图 1-17 对象捕捉追踪

单击状态栏中的 "对象捕捉追踪" 按钮，使其呈凹下亮的状态即开启，再次单击凸起不亮即关闭。可按预设的极轴增量角及倍数角显示一条条角度追踪线（虚线）及光标点的极坐标值，此时输入距离值，可以精确指定点的位置。可同时使用两个及两个以上追踪点。

注意：启用"对象捕捉追踪"功能应同时按下状态栏"对象捕捉"按钮；想要按极轴增量角及倍数角显示追踪线，应按图 1-12 设置"极轴追踪"，在"对象捕捉追踪设置"中选择"用所有极轴角设置追踪"。

任务二 坐标输入绘制简单图形

一、工作任务

简单图形如图 1-18 所示。根据图形尺寸设置单位和图形界限（A4），设置并开启绘图辅助工具（如极轴追踪、对象捕捉），显示"对象捕捉"工具栏。

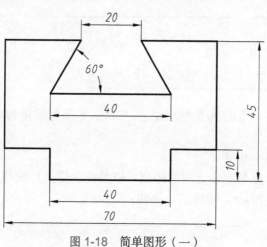

图 1-18 简单图形（一）

二、知识准备

1. 点的坐标输入

当移动鼠标时，十字光标和坐标值随着变化，状态栏左边的坐标显示区将显示当前位置坐标。用鼠标可以直接单击左键确定，但不精确。采用键盘输入坐标的方式可以更精确地定位坐标点，如图 1-19 所示。

图 1-19　点的坐标输入

AutoCAD 可使用绝对直角坐标、相对直角坐标、相对极坐标和直接输入距离的方法来确定绘图窗口中的点。

（1）绝对直角坐标

输入格式：X，Y。

绝对直角坐标是相对于坐标系原点（0，0）的坐标，输入后按〈Enter〉键确定。例如：

```
命令：_line
指定第一点：60，70
```

表示该点相对于原点 X 坐标为"60"，Y 坐标为"70"。

（2）相对直角坐标

输入格式：@△X，△Y。

相对直角坐标是执行命令中"指定下一点"相对于前一点的坐标增量，相对前一点 X 坐标向右为正，向左为负；Y 坐标向上为正，向下为负，输入后按〈Enter〉键确定。例如：

```
命令：_line
指定第一点：60，70
指定下一点或 [放弃（U）]：@20，-10
```

表示该点相对于前一点的 X 坐标增量为"20"，Y 坐标增量为"-10"。

（3）相对极坐标

输入格式：@距离＜角度。

相对极坐标是输入点与上一点间的距离，以及前、后点连线与 X 轴正方向的夹角，逆时针为正，输入后按〈Enter〉键确定。例如：

```
命令：_line
指定第一点：60，70
指定下一点或 [放弃（U）]：@20<30
```

表示该点相对于前一点距离（即直线长）为 20mm，两点连线相对于 X 轴的夹角为 30°。

（4）直接输入距离　用鼠标导向，从键盘直接输入相对前一点的距离，按〈Enter〉键确定。直接输入距离的方式主要用于绘制水平与竖直线段或设定极轴角的倾斜线段。用该方法输入时，应在状态栏里打开"正交模式"或"极轴追踪"。"正交模式"只能绘制水平与竖直线段。

2. 动态输入

启用动态输入后，在执行绘图或编辑操作时，光标位置处显示命令提示，可直接输入坐标，前、后坐标处于相对状态，在输入中可省略@字母；在绘图过程中，光标处将显示其所在位置的坐标，当命令提示输入第二点时，在绘图区将显示当前光标所在点相对于上一点的距离、角度和相对极坐标等提示信息，这些信息会随着光标移动而动态更新。

单击窗口下状态栏中的  "动态输入"按钮，使其呈凹下亮的状态即打开，再次单击呈凸起不亮即关闭。

右键单击状态栏中的 "动态输入"按钮，选择"设置"选项，或者单击下拉菜单"工具/草图设置"，出现"草图设置"对话框。单击"动态输入"选项卡，选中"启用指针输入"复选框，单击"设置"按钮，弹出"指针输入设置"对话框，如图1-20所示。选中"可能时启用标注输入"复选框，单击"设置"按钮，也可以进行相应设置。一般采用默认状态即可。

3. "直线"命令

【功能】绘制直线。

【命令】菜单：绘图/直线。

　　　　工具栏：绘图→ 。

　　　　命令行：line。

【操作】输入命令后，命令行提示如下：

图1-20　"指针输入设置"对话框

命令：_line 指定第一点：（指定、输入起点）

指定下一点或[放弃（U）]：（输入端点坐标，按〈Enter〉键结束命令）

指定下一点或[放弃（U）]：（输入下一点坐标，按〈Enter〉键结束命令）

指定下一点或[闭合（C）/放弃（U）]：（继续输入下一点坐标，按〈Enter〉键结束命令）

【提示】输入"C"使图形闭合并结束命令。输入"U"，撤销前一操作。所画折线或封闭图形中的每一条直线都是一个独立的实体。

4. "删除"命令

【功能】删除一些不需要的对象或画错的图形。

【命令】菜单：修改/删除。

　　　　工具栏：修改→ 。

命令行：erase。

【操作】输入命令后，命令行提示如下：

命令：_erase
选择对象：（选择要删除的对象）
选择对象：（继续选择要删除的对象，按〈Enter〉键结束命令）

三、任务实施

1）设置单位和图形界限。单击菜单"格式 / 单位"，设置长度单位为小数点后2位，角度单位为小数点后1位；单击菜单"格式 / 图形界限"，将图形界限设置为210mm×297mm。打开栅格，显示图形界限。

2）设置极轴追踪、对象捕捉，显示"对象捕捉"工具栏，如图1-21所示。

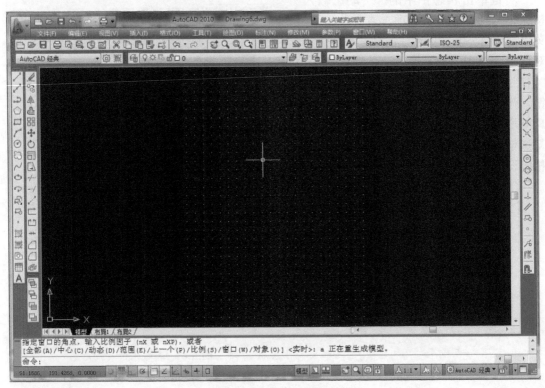

图 1-21　任务二界面

3）绘制图形。以左下角（50，50）为起点，用"直线"命令绘制图形，单击工具栏：绘图→ ，命令行提示如下：

命令：_line 指定第一点：50，50
指定下一点或 [放弃（U）]：50，60
指定下一点或 [放弃（U）]：@-15，0

指定下一点或 [闭合（C）/放弃（U）]：@0，35

指定下一点或 [闭合（C）/放弃（U）]：@25，0

指定下一点或 [闭合（C）/放弃（U）]：@20<240

指定下一点或 [闭合（C）/放弃（U）]：（正交模式，光标向右）40

指定下一点或 [闭合（C）/放弃（U）]：@20<120

指定下一点或 [闭合（C）/放弃（U）]：（光标向右）25

指定下一点或 [闭合（C）/放弃（U）]：（光标向下）35

指定下一点或 [闭合（C）/放弃（U）]：（光标向左）15

指定下一点或 [闭合（C）/放弃（U）]：（光标向下）10

指定下一点或 [闭合（C）/放弃（U）]：C

注意：命令行输入坐标、数值、选项需按〈Enter〉键或单击鼠标右键确定。

【提示】也可以用"极轴追踪"，光标导向，出现极轴追踪线（虚线）时输入长度。中途命令中断，可用对象捕捉点。结果如图 1-22 所示。

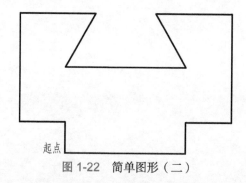

图 1-22　简单图形（二）

综合练习题

1. 学习"修剪""镜像"命令，绘制图 1-23 所示的图形。

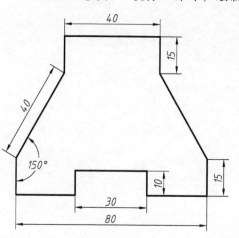

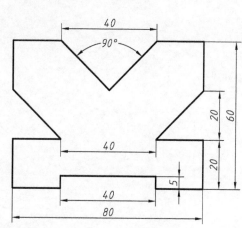

图 1-23　直线图形

2. 学习"偏移""圆"和"拉长"命令，绘制图 1-24 所示的图形。

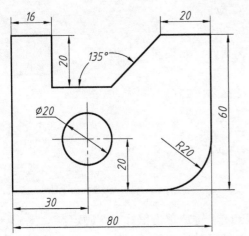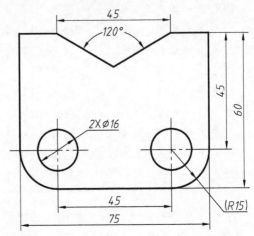

图 1-24　几何图形

项目二

绘制平面图形

【知识目标】
　　1）掌握"圆""圆弧""椭圆""矩形"和"多段线"等绘图命令。
　　2）掌握"偏移""移动""修剪""镜像""阵列""延伸"和"拉长"等修改命令。
　　3）掌握对象的选择方式。
【能力目标】
　　能够使用绘图、修改命令及精确绘图辅助工具绘制中等复杂的平面图形。

任务一　绘制手柄

一、工作任务

绘制手柄图样，如图 2-1 所示。使用绘图、修改命令，利用对象捕捉、对象追踪功能绘制图形，无须标注尺寸。

二、知识准备

1."圆"命令

【功能】按指定方式画圆，AutoCAD 提供了多种画圆方式，如图 2-2 所示。

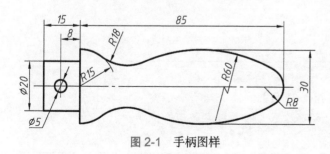

图 2-1　手柄图样

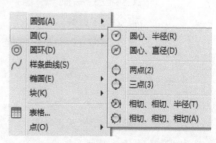

图 2-2　菜单"绘图 / 圆"

【命令】菜单：绘图 / 圆 /…。

工具栏：绘图→⊙。

命令行：circle。

【操作】输入命令后，命令行提示如下：

命令：_circle
指定圆的圆心或[三点（3P）/两点（2P）/切点、切点、半径（T）]：（指定圆心）
指定圆的半径或[直径（D）]：（输入半径值）

【说明】命令行中有关画圆方法说明如下：

1）圆心、半径（R）：指定圆的圆心及半径画圆。

2）圆心、直径（D）：指定圆的圆心及直径画圆。

3）两点（2P）：指定圆的直径上两个端点画圆。

4）三点（3P）：指定圆的任意三点绘制圆。

5）相切、相切、半径（T）：指定与圆相切的两个对象和圆的半径画圆，如图 2-3a 所示。

6）相切、相切、相切（A）：指定与圆相切的 3 个对象画圆，如图 2-3b 所示。

2. "圆弧" 命令

【功能】按指定方式画圆弧。AutoCAD 提供了多种画圆弧方式，如图 2-4 所示。

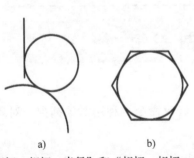

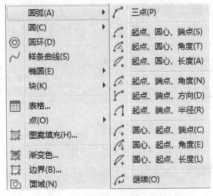

图 2-3 "相切、相切、半径"和"相切、相切、相切"画圆　　　图 2-4 菜单"绘图 / 圆弧"

【命令】菜单：绘图 / 圆弧 /…。

工具栏：绘图→⌒。

命令行：arc。

【操作】输入命令后，命令行提示如下：

命令：_arc
指定圆弧的起点或 [圆心（C）]：（指定起点）
指定圆弧的第二个点或 [圆心（C）/端点（E）]：（指定第二个点）
指定圆弧的端点：（指定端点）

圆心、起点、端点／角度画圆弧的命令行提示如下：

命令：_arc
指定圆弧的起点或 [圆心（C）]：C
指定圆弧的圆心：（指定圆心）
指定圆弧的起点：（指定起点，可以启用极轴，确定起始角和半径）
指定圆弧的端点或 [角度（A）/弦长（L）]：（指定圆弧的端点）若A
指定包含角：（输入角度值）

【提示】切莫看见圆弧只用圆弧命令，也可用圆命令配合修剪命令画圆弧。

3. "椭圆"命令

【功能】按指定方式画椭圆。

【命令】菜单：绘图／椭圆。

　　　　工具栏：绘图→⬭。

　　　　命令行：ellipse。

【操作】输入命令后，命令行提示如下：

命令：_ellipse
指定椭圆的轴端点或 [圆弧（A）/中心点（C）]：（指定端点）
指定轴的另一个端点：（指定端点，可启用极轴，输入轴长）
指定另一条半轴长度或 [旋转（R）]：（输入半轴长）

采用中心点（C）方式的命令行提示如下：

命令：_ellipse
指定椭圆的轴端点或 [圆弧（A）/中心点（C）]：C
指定椭圆的中心点：（指定中心）
指定轴的端点：（指定端点，可启用极轴，输入半轴长）
指定另一条半轴长度或 [旋转（R）]：（输入半轴长）

【说明】输入"A"即为画椭圆弧，也可单击"绘图"工具栏⬭按钮画椭圆弧，性质一样。

4. 选择对象的方式

（1）点选方式　该方式一次只选一个对象。当提示"选择对象："时，移动鼠标，用拾取框逐个单击要选择的对象，而被选中的对象逐个地虚线、高亮显示，如图2-5所示。

（2）窗口方式　该方式选中完全在窗口内的对象。当提示"选择对象："时，在对象的左侧（上或下）单击鼠

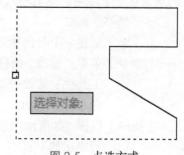

图2-5　点选方式

标，再向右拖动定义窗口，到对象的右侧（下或上）单击鼠标，只有对象完全在选择窗口中才被选中，如图 2-6 所示。

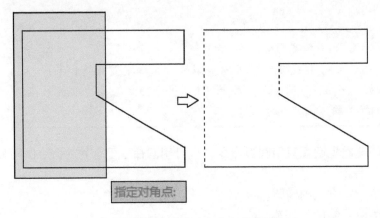

图 2-6　窗口方式（左右定义窗口）

（3）窗交方式　该方式选中完全和部分在窗口内的所有对象。当提示"选择对象："时，在对象的右侧（下或上）单击鼠标，再向左拖动定义窗口，到对象的左侧（上或下）单击鼠标，只要对象部分或完全在选择窗口中即被选中，如图 2-7 所示。

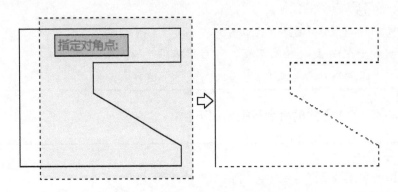

图 2-7　窗交方式（右左定义窗口）

（4）全选方式　当提示"选择对象："时，输入"ALL"，按〈Enter〉键确定。

（5）错选应对　在选择对象时，有时会不小心选中不该选择的对象，这时用户可以按住〈Shift〉键选择误选的对象，将其剔除。或者输入"R"并按〈Enter〉键，把一些误选的对象选中、剔除，然后输入"A"并按〈Enter〉键继续选择对象。

5."偏移"命令

【功能】创建一个与选择对象形状相同、等距（或通过点）的平行直线和平行曲线。

【命令】菜单：修改 / 偏移。

工具栏：修改→💾。

命令行：offset。

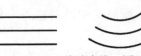

图 2-8　偏移直线、圆弧

【操作】以图 2-8 所示图形为例。输入命令后，命令行提示如下：

命令：_offset

指定偏移距离或 [通过（T）/删除（E）/图层（L）] <10.00>：（指定偏移距离）

选择要偏移的对象，或 [退出（E）/放弃（U）] <退出>：（选择源对象）

指定要偏移的那一侧上的点，或 [退出（E）/多个（M）/放弃（U）] <退出>：（单击偏移一侧）

选择要偏移的对象，或 [退出（E）/放弃（U）] <退出>：（继续选择对象偏移，或者按〈Enter〉键结束）

6. "移动" 命令

【功能】将选定的对象从一个位置移到另一个位置。

【命令】菜单：修改 / 移动。

　　　　工具栏：修改→✣。

　　　　命令行：move。

【操作】输入命令后，命令行提示如下：

命令：_move

选择对象：（选择要移动的对象）找到 1 个

指定基点或 [位移（D）] <位移>：（指定或捕捉对象基点）

指定第二个点或 <使用第一个点作为位移>：（指定或捕捉新位置点）

【说明】在指定第二个（新位置）点时，可以使用相对坐标输入指定，或启用正交、极轴输入距离，如图 2-9 所示。命令行提示如下：

命令：_move

选择对象：单击大圆

指定基点或 [位移（D）] <位移>：（捕捉到圆心，单击鼠标左键）

指定第二个点或 <使用第一个点作为位移>：（启用正交或极轴）50

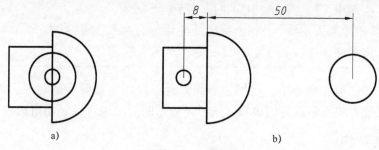

图 2-9　移动示例

a）移动前　b）移动后

7. "修剪" 命令

【功能】在指定剪切边界后，选择被剪切边进行修剪。

【命令】菜单：修改 / 修剪。

工具栏：修改→ ✂ 。

命令行：trim。

【操作】以图 2-10 所示图形为例。输入命令后，命令行提示如下：

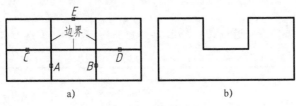

图 2-10　修剪示例

a）修剪前　b）修剪后

命令：_trim

当前设置：投影=UCS，边=延伸

选择剪切边...

选择对象或 <全部选择>：（单击图中"边界"CD线）找到 1 个

选择对象：（单击图中"边界"A线）找到 1 个，总计 2 个

选择对象：（单击图中"边界"B线）找到 1 个，总计 3 个

选择对象：（按〈Enter〉键）

选择要修剪的对象，或按住 Shift 键选择要延伸的对象，或[栏选（F）/窗交（C）/投影（P）/边（E）/删除（R）/放弃（U）]：（单击A处）

选择要修剪的对象，或按住 Shift 键选择要延伸的对象，或[栏选（F）/窗交（C）/投影（P）/边（E）/删除（R）/放弃（U）]：（单击B处）

选择要修剪的对象，或按住 Shift 键选择要延伸的对象，或[栏选（F）/窗交（C）/投影（P）/边（E）/删除（R）/放弃（U）]：（单击C处）

选择要修剪的对象，或按住 Shift 键选择要延伸的对象，或[栏选（F）/窗交（C）/投影（P）/边（E）/删除（R）/放弃（U）]：（单击D处）

选择要修剪的对象，或按住 Shift 键选择要延伸的对象，或[栏选（F）/窗交（C）/投影（P）/边（E）/删除（R）/放弃（U）]：（单击E处）

选择要修剪的对象，或按住 Shift 键选择要延伸的对象，或[栏选（F）/窗交（C）/投影（P）/边（E）/删除（R）/放弃（U）]：（按〈Enter〉键）

【说明】在"修剪"命令中，剪切边界同时也可以作为被剪切的对象，因此可以采用窗选方式而多选剪切边界，选择要修剪的对象也可以采用窗选方式。

三、任务实施

1）设置绘图环境（图形单位及界限），启用极轴追踪和对象捕捉功能。

2）绘制手柄图形

① 先画已知线段、圆弧。调用"直线"命令绘制已知线段，启用极轴追踪、对象捕捉和对象追踪功能，如图 2-11 所示。命令行提示如下：

图 2-11　画已知线段

命令：_line 指定第一点：单击指定
指定下一点或 [放弃（U）]：（利用极轴，光标向正左）15
指定下一点或 [放弃（U）]：（光标向正上）20
指定下一点或 [放弃（U）]：（光标向正右）15
指定下一点或 [放弃（U）]：（按〈Enter〉键）
命令：_line 指定第一点：（对象捕捉追踪"起点"，光标向正下）5
指定下一点或 [放弃（U）]：（光标向正上）30
指定下一点或 [放弃（U）]：（按〈Enter〉键）
命令：_line 指定第一点：（对象捕捉追踪直线20mm"中点"，光标向正左）5
指定下一点或 [放弃（U）]：（光标向正右）110　（中心线长）
指定下一点或 [放弃（U）]：（按〈Enter〉键）

调用"圆弧""圆"命令绘制已知圆弧 $R15$mm、$R8$mm、$\phi5$mm，如图 2-12 所示。命令行提示如下：

图 2-12　画已知圆弧

命令：_arc 指定圆弧的起点或 [圆心（C）]：C
指定圆弧的圆心：（对象捕捉直线30mm中点，单击鼠标左键）
指定圆弧的起点：（对象捕捉直线30mm端点，单击鼠标左键）
指定圆弧的端点或 [角度（A）/弦长（L）]：（对象捕捉直线30端点，单击鼠标左键）
命令：_circle 指定圆的圆心或 [三点（3P）/两点（2P）/切点、切点、半径（T）]：（对象捕捉圆心，单击鼠标左键）
指定圆的半径或 [直径（D）]<58.00>：8
命令：_circle 指定圆的圆心或 [三点（3P）/两点（2P）/切点、切点、半径（T）]：（对象捕捉圆心，单击鼠标左键）
指定圆的半径或 [直径（D）]<58.00>：2.5

先调用"移动"命令确定圆 $R8mm$、$\phi 5mm$ 位置，再调用"偏移"命令偏移上、下作图线，如图 2-13 所示。命令行提示如下：

图 2-13　已知圆弧移动定位

命令：_move
选择对象：（单击 $R8mm$ 圆）找到 1 个
选择对象：（按〈Enter〉键）
指定基点或 [位移（D）] <位移>：（对象捕捉圆心，单击鼠标左键）
指定第二个点或 <使用第一个点作为位移>：（光标向正右）77
命令：_move
选择对象：（单击 $\phi 5mm$ 圆）找到 1 个
选择对象：（按〈Enter〉键）
指定基点或 [位移（D）] <位移>：（对象捕捉圆心，单击鼠标左键）
指定第二个点或 <使用第一个点作为位移>：（光标向正左）8
命令：_offset
当前设置：删除源=否　图层=源　OFFSETGAPTYPE=0
指定偏移距离或 [通过（T）/删除（E）/图层（L）] <通过>：15
选择要偏移的对象，或 [退出（E）/放弃（U）] <退出>：（单击中心线）
指定要偏移的那一侧上的点，或 [退出（E）/多个（M）/放弃（U）] <退出>：（上方单击）
选择要偏移的对象，或 [退出（E）/放弃（U）] <退出>：（单击中心线）
指定要偏移的那一侧上的点，或 [退出（E）/多个（M）/放弃（U）] <退出>：（下方单击）

② 画中间圆弧。调用"圆"命令绘制中间圆弧 $R60mm$，如图 2-14 所示。命令行提示如下：

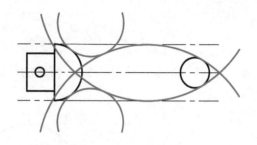

图 2-14　画中间圆弧、连接圆弧

命令：_circle 指定圆的圆心或 [三点（3P）/两点（2P）/切点、切点、半径（T）]：T
指定对象与圆的第一个切点：（在 R8mm 圆约相切处出现"递延切点"标记，单击鼠标左键）
指定对象与圆的第二个切点：（在上方点画线处出现"递延切点"标记，单击鼠标左键）
指定圆的半径 <2.50>：60

以同样的方法再画一个 R60mm 的圆。

③ 画连接圆弧。调用"圆"命令绘制连接圆弧 R18mm，如图 2-14 所示。命令行提示如下：

命令：_circle 指定圆的圆心或 [三点（3P）/两点（2P）/切点、切点、半径（T）]：T
指定对象与圆的第一个切点：（在 R60mm 圆上出现"递延切点"标记，单击鼠标左键）
指定对象与圆的第二个切点：（在 R15mm 圆弧上出现"递延切点"标记，单击鼠标左键）
指定圆的半径 <60.00>：18

以同样的方法再画一个 R18mm 的圆。

④ 修剪、删除。调用"修剪、删除"命令，将多余线段修剪、删除，如图 2-15 所示。

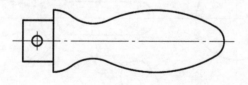

图 2-15　修剪、删除后的图形

【说明】调用命令绘图的方法不是唯一的，上述只是其中之一。也可以偏移直线确定
圆心画已知圆弧；也可以先画一半，镜像后得到。

综合练习题

1. 学习"圆角""倒角""拉长"命令，绘制图 2-16 所示的吊钩图样。

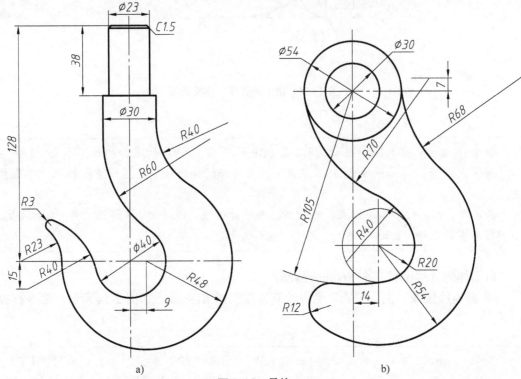

图 2-16　吊钩

2. 综合运用 AutoCAD 功能命令，绘制图 2-17 所示的平面图形。

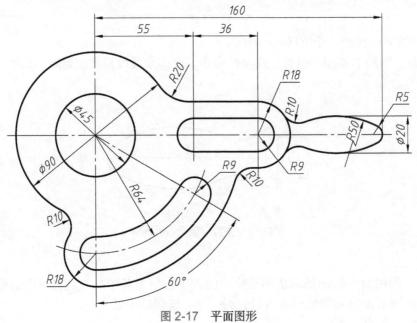

图 2-17　平面图形

任务二 绘制棘轮

一、工作任务

利用"绘图"和"修改"命令绘制图2-18所示的棘轮，也可以用其他的方法绘制。

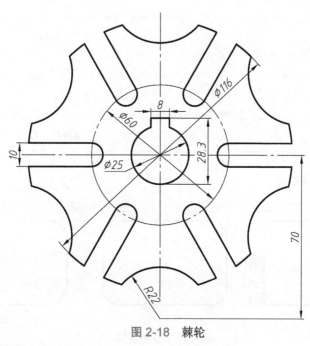

图2-18 棘轮

二、知识准备

1."矩形"命令

【功能】该命令不仅可以画矩形，还可画四角倒角或圆角的矩形。

【命令】菜单：绘图 / 矩形。

工具栏：绘图→囗。

命令行：rectang。

【操作】输入命令后，命令行提示如下：

命令：_rectang
指定第一个角点或[倒角（C）/标高（E）/圆角（F）/厚度（T）/宽度（W）]：（指定点）
指定另一个角点或[面积（A）/尺寸（D）/旋转（R）]：@60,40

结果如图2-19 a所示。

命令：_rectang
指定第一个角点或[倒角（C）/标高（E）/圆角（F）/厚度（T）/宽度（W）]：C
指定矩形的第一个倒角距离 <0.00>：5

指定矩形的第二个倒角距离 <5.00>：5
指定第一个角点或 [倒角（C）/标高（E）/圆角（F）/厚度（T）/宽度（W）]：（指定点）
指定另一个角点或 [面积（A）/尺寸（D）/旋转（R）]：@60，40

结果如图 2-19b 所示。

命令：_rectang
当前矩形模式：倒角=5.00×5.00
指定第一个角点或 [倒角（C）/标高（E）/圆角（F）/厚度（T）/宽度（W）]：F
指定矩形的圆角半径 <5.00>：10
指定第一个角点或 [倒角（C）/标高（E）/圆角（F）/厚度（T）/宽度（W）]：（指定点）
指定另一个角点或 [面积（A）/尺寸（D）/旋转（R）]：@60，40

结果如图 2-19c 所示。

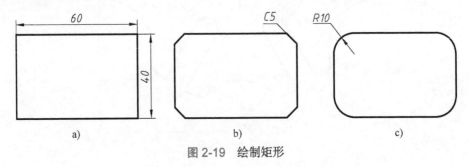

图 2-19　绘制矩形

2. "多段线" 命令

【功能】该命令可以画直线、圆弧和它们的组合线，无论这条多段线中包含多少直线
　　　　或圆弧，整条多段线都是一个实体对象，可以统一对其进行编辑。另外，使
　　　　用该命令也可画等宽或不等宽的有宽线。

【命令】菜单：绘图 / 多段线。

　　　　工具栏：绘图→⤺。

　　　　命令行：pline 或 pl。

【操作】输入命令后，命令行提示如下（以图 2-20a 所示的图形为例，启用正交或极
　　　　轴功能）：

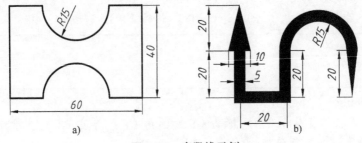

图 2-20　多段线示例

命令：_pline

指定起点：（左下角起点）（单击鼠标左键指定）

当前线宽为 0.00

指定下一点或 [圆弧（A）/半宽（H）/长度（L）/放弃（U）/宽度（W）]：（正交或极轴）40

　指定下一点或 [圆弧（A）/闭合（C）/半宽（H）/长度（L）/放弃（U）/宽度（W）]：15

　指定下一点或 [圆弧（A）/闭合（C）/半宽（H）/长度（L）/放弃（U）/宽度（W）]：A

　指定圆弧的端点或 [角度（A）/圆心（CE）/闭合（CL）/方向（D）/半宽（H）/直线（L）/半径（R）/第二个点（S）/放弃（U）/宽度（W）]：A

指定包含角：180

　指定圆弧的端点或 [圆心（CE）/半径（R）]：@30，0

　指定圆弧的端点或 [角度（A）/圆心（CE）/闭合（CL）/方向（D）/半宽（H）/直线（L）/半径（R）/第二个点（S）/放弃（U）/宽度（W）]：L

　指定下一点或 [圆弧（A）/闭合（C）/半宽（H）/长度（L）/放弃（U）/宽度（W）]：15

　指定下一点或 [圆弧（A）/闭合（C）/半宽（H）/长度（L）/放弃（U）/宽度（W）]：40

　指定下一点或 [圆弧（A）/闭合（C）/半宽（H）/长度（L）/放弃（U）/宽度（W）]：15

　指定下一点或 [圆弧（A）/闭合（C）/半宽（H）/长度（L）/放弃（U）/宽度（W）]：A

　指定圆弧的端点或 [角度（A）/圆心（CE）/闭合（CL）/方向（D）/半宽（H）/直线（L）/半径（R）/第二个点（S）/放弃（U）/宽度（W）]：A

指定包含角：180

　指定圆弧的端点或 [圆心（CE）/半径（R）]：30

　指定圆弧的端点或 [角度（A）/圆心（CE）/闭合（CL）/方向（D）/半宽（H）/直线（L）/半径（R）/第二个点（S）/放弃（U）/宽度（W）]：L

　指定下一点或 [圆弧（A）/闭合（C）/半宽（H）/长度（L）/放弃（U）/宽度（W）]：C

以图 2-20b 所示的图形为例，启用"正交或极轴"，命令行提示如下：

命令：_pline

指定起点：（左上角起点）（单击鼠标左键指定）

当前线宽为 0.00

指定下一点或 [圆弧（A）/半宽（H）/长度（L）/放弃（U）/宽度（W）]：W

指定起点宽度 <0.00>：0

指定端点宽度 <0.00>：10

指定下一点或 [圆弧（A）/半宽（H）/长度（L）/放弃（U）/宽度（W）]：@0，-20

指定下一点或 [圆弧（A）/闭合（C）/半宽（H）/长度（L）/放弃（U）/宽度（W）]：W

指定起点宽度 <10.00>：5

指定端点宽度 <5.00>：5

指定下一点或 [圆弧（A）/闭合（C）/半宽（H）/长度（L）/放弃（U）/宽度（W）]：20

指定下一点或 [圆弧（A）/闭合（C）/半宽（H）/长度（L）/放弃（U）/宽度（W）]：20
指定下一点或 [圆弧（A）/闭合（C）/半宽（H）/长度（L）/放弃（U）/宽度（W）]：20
指定下一点或 [圆弧（A）/闭合（C）/半宽（H）/长度（L）/放弃（U）/宽度（W）]：A
指定圆弧的端点或 [角度（A）/圆心（CE）/闭合（CL）/方向（D）/半宽（H）/直线（L）/半径（R）/第二个点（S）/放弃（U）/宽度（W）]：A
指定包含角：-180
指定圆弧的端点或 [圆心（CE）/半径（R）]：@30，0
指定圆弧的端点或 [角度（A）/圆心（CE）/闭合（CL）/方向（D）/半宽（H）/直线（L）/半径（R）/第二个点（S）/放弃（U）/宽度（W）]：L
指定下一点或 [圆弧（A）/闭合（C）/半宽（H）/长度（L）/放弃（U）/宽度（W）]：W
指定起点宽度 <5.00>：5
指定端点宽度 <5.00>：0
指定下一点或 [圆弧（A）/闭合（C）/半宽（H）/长度（L）/放弃（U）/宽度（W）]：20
指定下一点或 [圆弧（A）/闭合（C）/半宽（H）/长度（L）/放弃（U）/宽度（W）]：（按〈Enter〉键）

【说明】

1）整条多段线是一个单一实体对象，如同"矩形""正多边形"命令。

2）可用 "分解"命令分解多段线、矩形、正多边形，线宽还原成默认。

3）单击菜单"修改 / 对象 / 多段线"，可以全方位编辑多段线或非多段线。命令行提示如下：

命令：_pedit 选择多段线或 [多条（M）]：（选择多段线）
输入选项 [闭合（C）/合并（J）/宽度（W）/编辑顶点（E）/拟合（F）/样条曲线（S）/非曲线化（D）/线型生成（L）/反转（R）/放弃（U）]：（输入选项）

编辑非多段线为多段线，命令行提示如下：

命令：_pedit 选择多段线或 [多条（M）]：（选择单段线，如直线、圆弧等）
选定的对象不是多段线
是否将其转换为多段线？<Y> Y
输入选项 [闭合（C）/合并（J）/宽度（W）/编辑顶点（E）/拟合（F）/样条曲线（S）/非曲线化（D）/线型生成（L）/反转（R）/放弃（U）]：（输入选项）

3. "镜像"命令

【功能】将选中的对象按指定的镜像线（对称线）做镜像复制（对称复制）。

【命令】菜单：修改 / 镜像。

工具栏：修改→ 。

命令行：mirror。

【操作】以图 2-21 所示图形为例。输入命令后，命令行提示如下：

图 2-21　镜像示例

命令：_mirror

选择对象：(选择对象) 找到 1 个

选择对象：(选择对象) 找到 1 个，总计 2 个

选择对象：(选择对象) 找到 1 个，总计 3 个

选择对象：(选择对象) 找到 1 个，总计 4 个

选择对象：(选择对象) 找到 1 个，总计 5 个

选择对象：(选择对象) 找到 1 个，总计 6 个

选择对象：(选择对象) 找到 1 个，总计 7 个

选择对象：(按〈Enter〉键)

指定镜像线的第一点：(对象捕捉单击中心线上的点)

指定镜像线的第二点：(对象捕捉单击中心线上的点)

要删除源对象吗？ [是（Y）/否（N）] <N>：N

注意：选择对象可用窗选方式一次选中。

4.“阵列”命令

【功能】复制呈规则分布的图形，如图 2-22 所示。

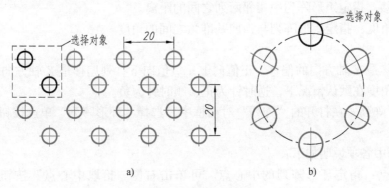

a)　　　　　　　　　b)

图 2-22　阵列示例

a）矩形阵列　b）环形阵列

【命令】菜单：修改 / 阵列。

　　　　工具栏：修改→品。

　　　　命令行：array。

【操作】输入命令后，系统弹出“阵列”对话框，分矩形阵列和环形阵列两种，如图 2-23 所示。

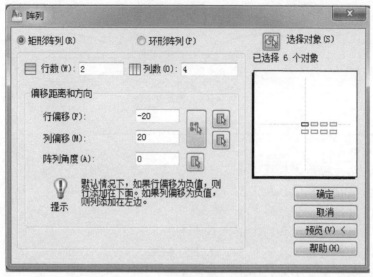

图 2-23 "矩形阵列"对话框

（1）矩形阵列 在打开的"阵列"对话框中，选择"矩形阵列"单选按钮，可以以矩形阵列方式复制对象。按图 2-22a 所示选择对象，设定"行数""列数""行偏移"和"列偏移"，单击"确定"按钮，结果即可完成矩形阵列。

对话框中各项说明如下：

1）选择对象：单击"选择对象"按钮，回到绘图界面，选择所要阵列的图形。

2）行数：指定矩形阵列的行数。

3）列数：指定矩形阵列的列数。

4）行偏移：指定矩形阵列中相邻两行之间的距离。

5）列偏移：指定矩形阵列中相邻两列之间的距离。

6）阵列角度：指定矩形阵列与当前基准角之间的角度。

【说明】

1）行偏移是 Y 轴方向的偏移，正值向上，负值向下；列偏移是 X 轴方向的偏移。

2）阵列角度在默认情况下，逆时针为正，顺时针为负。

（2）环形阵列 在打开的"阵列"对话框中，选择"环形阵列"单选按钮，如图 2-24 所示。

该对话框中各项说明如下：

1）中心点：指定环形阵列的中心点。可单击右侧"拾取中心点"按钮，利用对象捕捉。

2）方法：指定项目总数、填充角度和项目间角度中任意两项即可确定阵列操作，因此这三项两两组合可形成三种阵列方法，用户可根据实际情况任选一种。

3）项目总数：指定阵列操作后，源对象及其副本对象的总数。

4）填充角度：指定分布了全部项目的圆弧的夹角。

5）项目间角度：指定两个相邻项目之间的夹角，即阵列中心点与任意两个相邻项目基点的连线所成的角度。

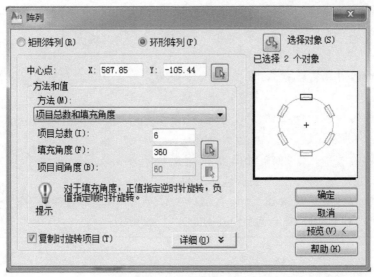

图 2-24 "环形阵列"对话框

6）复制时旋转项目：如果选择该选项，则阵列操作对所生成的副本进行旋转时，图形上的任一点均同时进行旋转。如果不选择该项，则阵列操作所生成的副本只改变相对位置，而仍保持与源对象相同的方向不变。

按图 2-22b 所示选择对象，拾取中心点为环形圆心，设定"项目总数"和"填充角度"，如图 2-24 所示，单击"确定"按钮，结果如图 2-22b 所示。

5."延伸"命令

【功能】将选中的对象（直线、圆弧等）延伸到指定的边界。

【命令】菜单：修改 / 延伸。

　　　　工具栏：修改→ 。

　　　　命令行：extend。

【操作】以图 2-25 所示图形为例。输入命令后，命令行提示如下：

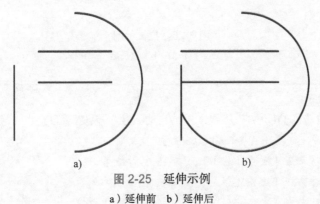

a)　　　　　　　　　　　　　b)

图 2-25 延伸示例

a）延伸前　b）延伸后

命令：_extend

当前设置：投影=UCS，边=延伸

选择边界的边...

选择对象或<全部选择>:(选择边界,单击竖的直线)找到1个

选择对象:(按〈Enter〉键)

选择要延伸的对象,或按住 Shift 键选择要修剪的对象,或[栏选(F)/窗交(C)/投影(P)/边(E)/放弃(U)]:(单击水平直线1)

选择要延伸的对象,或按住 Shift 键选择要修剪的对象,或[栏选(F)/窗交(C)/投影(P)/边(E)/放弃(U)]:(单击水平直线2)

选择要延伸的对象,或按住 Shift 键选择要修剪的对象,或[栏选(F)/窗交(C)/投影(P)/边(E)/放弃(U)]:(单击圆弧下端)

选择要延伸的对象,或按住 Shift 键选择要修剪的对象,或[栏选(F)/窗交(C)/投影(P)/边(E)/放弃(U)]:(按〈Enter〉键)

6."拉长"命令

【功能】改变直线或圆弧的长度。

【命令】菜单:修改 / 拉长。

工具栏:修改→（默认工具栏无此按钮）。

命令行:lengthen。

【操作】以图 2-26 所示图形为例。输入命令后,命令行提示如下:

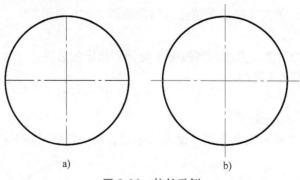

a)   b)

图 2-26   拉长示例

a)拉长前   b)拉长后

命令:_lengthen

选择对象或 [增量(DE)/百分数(P)/全部(T)/动态(DY)]:DE

输入长度增量或[角度(A)]<0.00>:5

选择要修改的对象或[放弃(U)]:(单击中心线左端)

选择要修改的对象或[放弃(U)]:(单击中心线右端)

选择要修改的对象或[放弃(U)]:(单击中心线上端)

选择要修改的对象或[放弃(U)]:(单击中心线下端)

选择要修改的对象或[放弃(U)]:(按〈Enter〉键)

【说明】

1）选择对象：选择后，显示选中图形的当前参数，直线显示长度，圆弧显示弧长和圆心角。

2）增量（DE）：用于设置直线或圆弧的长度或角度增量。

3）百分数（P）：表示以总长的百分比的形式改变圆弧或直线的长度。

4）全部（T）：表示通过输入直线或圆弧的新长度改变原长度。

5）动态（DY）：以动态方式改变圆弧或直线的长度。

【提示】

1）当选取"DE"选项，输入增量正值为长度增加，负值为长度减少。

2）当选取"P"选项，输入长度百分比值大于"100"时长度变长，小于"100"时长度变短，等于"100"时长度不变。

三、任务实施

方案一：利用学过的"绘图""修改"工具栏命令绘图。

设置绘图环境（包括图形单位及界限、极轴追踪、对象捕捉和对象追踪打开）。

1）用"圆"命令绘制圆（ϕ116mm、R22mm、ϕ60mm、ϕ25mm、ϕ10mm），如图2-27所示，命令行提示如下：

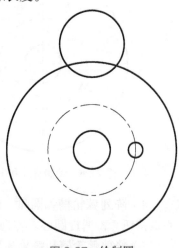

图2-27 绘制圆

命令：_circle 指定圆的圆心或 [三点（3P）/两点（2P）/切点、切点、半径（T）]：单击"确定"按钮

指定圆的半径或 [直径（D）] <22.00>：58

命令：_circle 指定圆的圆心或 [三点（3P）/两点（2P）/切点、切点、半径（T）]：（对象捕捉、对象捕捉追踪ϕ116mm圆心）70

指定圆的半径或 [直径（D）] <58.00>：22

命令：_circle 指定圆的圆心或 [三点（3P）/两点（2P）/切点、切点、半径（T）]：（对象捕捉ϕ116mm圆心，单击）

指定圆的半径或 [直径（D）] <22.00>：30

命令：_circle 指定圆的圆心或 [三点（3P）/两点（2P）/切点、切点、半径（T）]：（对象捕捉ϕ116mm圆心，单击）

指定圆的半径或 [直径（D）] <30.00>：12.5

命令：_circle 指定圆的圆心或 [三点（3P）/两点（2P）/切点、切点、半径（T）]：（对象捕捉ϕ60mm象限点右单击）

指定圆的半径或 [直径（D）] <12.50>：5

2）用"直线"命令绘制相距10mm的两条直线和 ϕ116mm 中心线，如图2-28所示。利用对象捕捉（象限点）、极轴追踪（至交点）绘制直线。

3）修剪圆弧，拉长中心线 5mm，如图 2-29 所示。

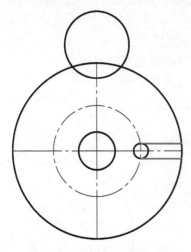
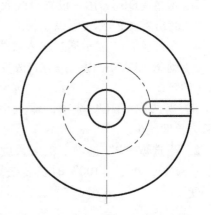

图 2-28　绘制直线和中心线　　　　　　　图 2-29　修剪圆弧、拉长中心线

4）阵列棘轮槽和圆弧。阵列对话框设置如图 2-30 所示。设置中心点时，单击拾取中心点按钮 ，捕捉圆心。阵列后的图形如图 2-31 所示。

5）修剪棘轮槽和棘轮圆弧，如图 2-32 所示。

6）绘制键槽，如图 2-33 所示。可用"直线""矩形""偏移"命令，再进行修剪。

方案二：用"面域"和实体编辑中的"差集"命令绘制棘轮外形。

1）用"圆"命令绘制尺寸 ϕ116mm、R22mm、ϕ10mm 的圆，用"矩形"命令绘制尺寸 10mm 的槽，如图 2-34 所示。

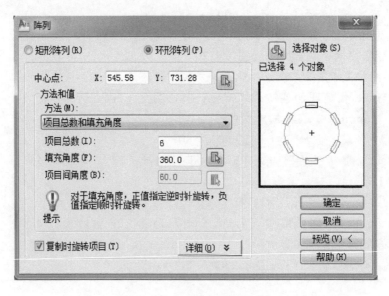

图 2-30　"阵列"对话框设置

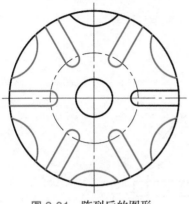

图 2-31 阵列后的图形

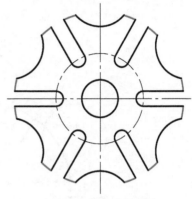

图 2-32 修剪后的棘轮

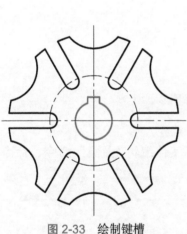

图 2-33 绘制键槽

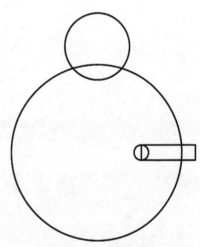

图 2-34 绘制圆和槽

2）将三个圆和一个矩形创建成"面域"。将封闭区域转化为面域。单击"绘图/面域"或绘图工具栏 ⬚ 命令，命令行提示如下：

```
命令：_region
选择对象：（选择图中4个）找到 4 个
选择对象：（按〈Enter〉键）
已提取 4 个环
已创建 4 个面域
```

3）阵列两个圆和一个矩形面域，如图 2-35 所示。

37

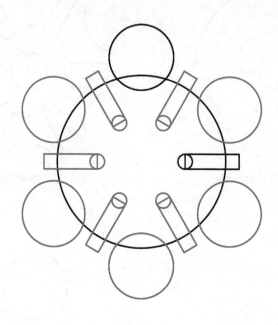

图 2-35　阵列后的面域图形

4）实体编辑二，如图 2-38 所示。单击"修改 / 实体编辑 / 差集"命令，命令行提示如下：

命令：_subtract 选择要从中减去的实体、曲面和面域……
选择对象：（点选大圆）找到 1 个
选择对象：（按〈Enter〉键）
选择要减去的实体、曲面和面域……
选择对象：（窗选全部）指定对角点：找到 19 个
选择对象：（按〈Shift〉键点选大圆，剔除）找到 1 个，删除 1 个，总计 18 个
选择对象：（按〈Enter〉键）

【说明】此图形是面域图形，如图 2-38 所示，可用"分解"命令转换成单段线。

方案三：用"边界"命令创建多段线棘轮外形。

1）用"圆"命令绘制尺寸 ϕ116mm、R22mm、ϕ10mm 的圆，用"矩形"命令绘制尺寸 10mm 的槽，如图 2-34 所示。

2）阵列两个圆、一个矩形，如图 2-35 所示。因不创建面域，故不是面域图形。

3）创建多段线边界，单击"绘图/边界"命令，弹出"边界创建"对话框，如图 2-36 所示。
单击 "拾取点"按钮，命令行提示如下：

图 2-36 "边界创建" 对话框

命令: _boundary

拾取内部点: (单击内部区域任意点) 正在选择所有对象...

正在选择所有可见对象...

正在分析所选数据...

正在分析内部孤岛...

拾取内部点: (按〈Enter〉键)

BOUNDARY 已创建 1 个多段线

图 2-37 是拾取内部点后的状态图, 图中显示虚线状封闭曲线是将要创建的边界。后续需用"移动"命令移出, 如图 2-38 所示图形, 它是一条封闭的多段线。

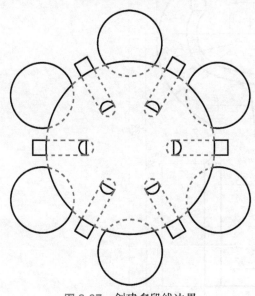

图 2-37 创建多段线边界

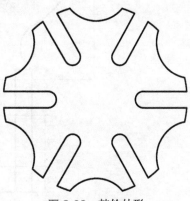

图 2-38 棘轮外形

综合练习题

1. 绘制图 2-39 所示的平面图形。

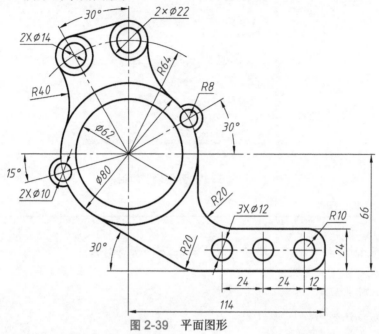

图 2-39　平面图形

2. 绘制图 2-40 所示的复杂平面图形。

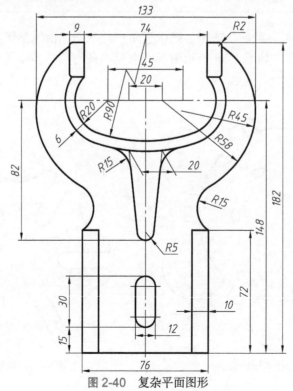

图 2-40　复杂平面图形

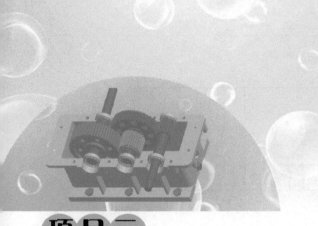

项目三

绘制三视图

【知识目标】

　　1）掌握图层的设置与控制。

　　2）掌握绘图"构造线""射线"和"点"命令。

　　3）掌握修改"复制""缩放""拉伸""旋转""对齐""圆角"和"特性匹配"命令。

【能力目标】

　　能运用 AutoCAD 功能命令正确、熟练地绘制中等复杂的三视图。

任务一　绘制组合体三视图

一、工作任务

　　绘制如图 3-1 所示的组合体三视图。要求设置图层，绘制图框和标题栏，做到图形正确、符合标准。

二、知识准备

1. 图层设置

　　图层可以看成是没有厚度的透明图纸，各层之间的坐标基点对齐，将具有相同特性（如颜色、线型、线宽和打印样式）的图线绘制在同一层上，各个图层重叠起来，形成一个完整的图形。

　　AutoCAD 使用图层来管理和控制图形，便于图形的修改和编辑。图层有如下特性：

　　1）图层数及层上对象数均无限制，但只能在当前层上绘图，可通过"图层"工具栏切换或将对象置为当前层。

　　2）0 层为自动生成的默认图层，不可删除。

　　3）各层具有打开、关闭、冻结、解冻、锁定与解锁等状态属性。

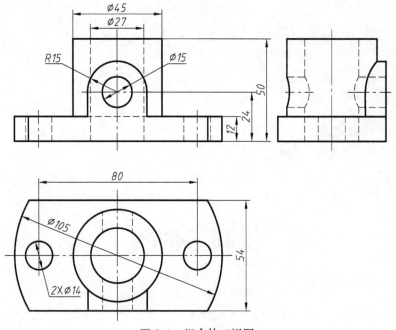

图 3-1　组合体三视图

4）用户可以改变各图层的线型、颜色、线宽和状态。

【功能】建立新图层，删除不用图层，设置和生成当前图层；设置、改变指定图层的颜色、线型、线宽和状态。

【命令】菜单：格式 / 图层。

　　　　工具栏：绘图→📇。

　　　　命令行：layer。

【操作】输入命令后，系统弹出"图层特性管理器"对话框，如图 3-2 所示。

图 3-2　"图层特性管理器"对话框

（1）新建图层　单击 "新建" 按钮，在图层列表框中会自动弹出名称为"图层1"的新图层，默认情况下新图层的状态、颜色、线型、线宽与当前图层相同，用户可以根据需要命名图层，创建一个新的图层。

（2）图层颜色的设置　单击该图层"颜色"列表中对应的颜色，打开"选择颜色"对话框，如图3-3所示。在显示的颜色条中选择所需要的颜色。

（3）线型设置　单击该图层"线型"列表中对应的线型，打开"选择线型"对话框，如图3-4所示。系统默认提供"Continuous"一种线型，如果需要其他线型，可以在此对话框中单击"加载"按钮，系统会弹出图3-5所示的"加载或重载线型"对话框，在对话框中选中需要的线型后单击"确定"按钮，回到"选择线型"对话框，将需要的线型选中后单击"确定"按钮，即可完成线型的设置。

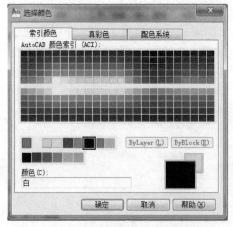

图3-3　"选择颜色"对话框

图3-4　"选择线型"对话框

图3-5　"加载或重载线型"对话框

（4）线宽设置　单击该图层"线宽"列表中对应的线宽，打开"线宽"对话框，如图3-6所示。粗线线宽一般选择0.5 ~ 1mm，根据图纸幅面大小选择；细线线宽为粗线线宽的1/3~1/2，设置时，通常选择"默认"线宽。通过"格式/线宽"命令，或右键单击状态栏中的 "线宽"按钮，选择"设置"选项，打开"线宽设置"对话框，如图3-7所示，更改默认线宽、调整显示比例。

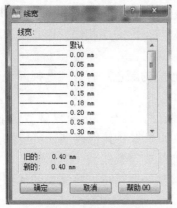

图 3-6 "线宽"对话框

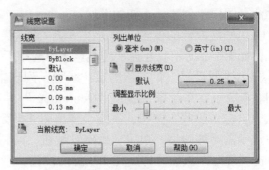

图 3-7 "线宽设置"对话框

（5）线型比例设置　用户可以对非连续线型（如虚线、点画线）设置外观。通过"格式 / 线型"命令，打开"线型管理器"对话框，如图 3-8 所示，设置图形中的线型比例。其中，"全局比例因子"用于设置、调整图形中所有线型的比例，"当前对象缩放比例"用于设置当前要绘图对象的线型比例。

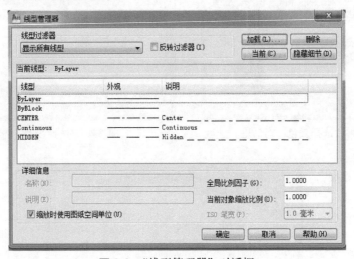

图 3-8 "线型管理器"对话框

2. 构造线和射线

（1）构造线

【功能】绘制通过给定点的双向无限长直线，一般用于辅助线。

【命令】菜单：绘图 / 构造线。

　　　　工具栏：绘图→✍。

　　　　命令行：xline。

【操作】输入命令后，命令行提示如下：

命令：_xline

指定点或 [水平（H）/垂直（V）/角度（A）/二等分（B）/偏移（O）]：（指定所在

位置的点）

> 指定通过点：（指定所通过的点）
>
> 指定通过点：（按〈Enter〉键）

【说明】

1）水平（H）：绘制通过指定点的水平构造线。

2）垂直（V）：绘制垂直构造线，方法与绘制水平构造线相同。

3）角度（A）：绘制与指定直线成指定角度的构造线。

4）二等分（B）：绘制平分一角的构造线。

5）偏移（O）：绘制与指定直线平行的构造线。

（2）射线

【功能】绘制以指定点为起点的单向无限长的直线。

【命令】菜单：绘图 / 射线。

　　　　命令行：ray。

【操作】输入命令后，命令行提示如下：

> 命令：_ray
>
> 指定起点：（指定所在位置的起点）
>
> 指定通过点：（指定所通过的点）
>
> 指定通过点：（按〈Enter〉键）

3. 复制

【功能】将选定的对象复制到新的位置上，可进行单个或多重复制。

【命令】菜单：修改 / 复制。

　　　　工具栏：修改→ 。

　　　　命令行：copy。

【操作】以图 3-9 所示图形为例。输入命令后，命令行提示如下：

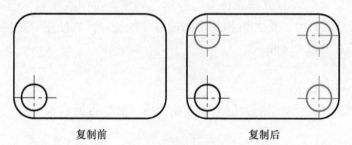

复制前　　　　　　　　　　　复制后

图 3-9　复制示例

> 命令：_copy
>
> 选择对象：（单击圆）找到 1 个
>
> 选择对象：（按〈Enter〉键）

当前设置：复制模式 = 多个

指定基点或 [位移（D）/模式（O）] <位移>：（对象捕捉，单击圆心）

指定第二个点或 <使用第一个点作为位移>：（对象捕捉，单击圆角圆心）

指定第三个点或 [退出（E）/放弃（U）] <退出>：（对象捕捉，单击圆角圆心）

指定第四个点或 [退出（E）/放弃（U）] <退出>：（对象捕捉，单击圆角圆心）

指定第五个点或 [退出（E）/放弃（U）] <退出>：（按〈Enter〉键）

4. 缩放

【功能】使图形按指定比例缩放。

【命令】菜单：修改 / 缩放。

工具栏：修改→ ▯。

命令行：scale。

【操作】输入命令后，命令行提示如下：

命令：_scale

选择对象：（选择要缩放的图形）找到1个

选择对象：（按〈Enter〉键确认）

指定基点：（确定缩放基点）

指定比例因子或 [复制（C）/参照（R）] <1.00>：（输入比例因子）

【说明】

1）复制（C）：创建出缩小或放大的对象后仍保留原对象。执行该项后，根据提示输入缩放比例因子即可。

2）参照（R）：输入一个数值或拾取两点来指定一个参考长度，然后再输入新的数值或拾取另外一点，计算两个数值的比并以此作为缩放比例因子。

5. 拉伸

【功能】使图形的选取部分与非选取部分的连接发生拉伸或压缩，但不影响相邻部分的形状和尺寸。例如阶梯轴中间段需要加长，可以使用"拉伸"命令。

【命令】菜单：修改 / 拉伸。

工具栏：修改→ ▯。

命令行：stretch。

【操作】以图 3-10a 所示图形为例。输入命令后，命令行提示如下：

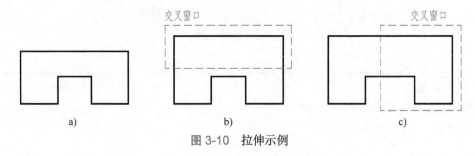

图 3-10 拉伸示例

命令：_stretch

（以交叉窗口或交叉多边形选择要拉伸的对象）

选择对象：（窗交方式，右下单击）

指定对角点：（左上单击）找到 3 个

选择对象：（按〈Enter〉键）

指定基点或 [位移（D）] <位移>：指定点

指定第二个点或 <使用第一个点作为位移>：（光标向正上）5图形向上拉伸5mm，如图3-10b所示。

命令：_stretch

（以交叉窗口或交叉多边形选择要拉伸的对象）

选择对象：（窗交方式，右下单击）

指定对角点：（左上单击）找到 5 个

选择对象：（按〈Enter〉键）

指定基点或 [位移（D）] <位移>：指定点

指定第二个点或 <使用第一个点作为位移>：（光标向正右）5图形再向右拉伸5mm，如图3-10c所示。

三、任务实施

1）设置绘图环境：设置图形单位及界限、极轴追踪、对象捕捉和对象追踪。

2）设置图层，如图 3-11 所示。

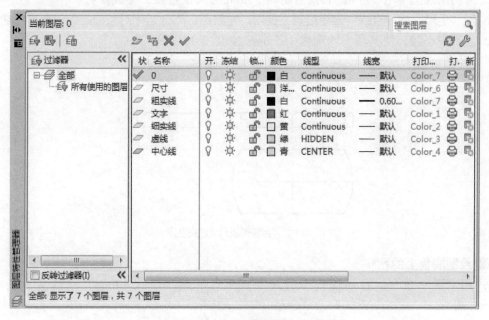

图 3-11 设置图层

3）绘制图框、标题栏，按不装订格式确定尺寸，如图 3-12 所示。

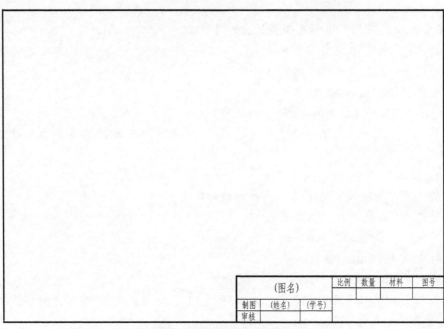

(图名)			比例	数量	材料	图号
制图	(姓名)	(学号)				
审核						

图 3-12　绘制图框、标题栏

4）绘制组合体三视图。将三视图绘制在图框内。进行形体分析，将组合体分解成若干基本几何体，分别画出几何体的三视图。

①绘制底板外形三视图。

a. 绘制俯视图 ϕ105mm 圆和前后距离 54mm 的两条直线，完成修剪。

b. 用"矩形"或"直线"命令绘制主视图、左视图，充分运用对象捕捉、对象追踪功能。

c. 绘制中心线，使其超出轮廓线 3~5mm，如图 3-13 所示。

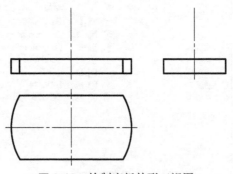

图 3-13　绘制底板外形三视图

②绘制底板上的孔。

a. 用"圆"命令，自动捕捉中心线交点，水平向左追踪 40mm，绘制俯视图左侧 ϕ14mm 圆。

b. 长对正（对象捕捉、对象追踪）绘制主视图中的虚线。

c. 绘制中心线，拉长使其超出轮廓线 3~5mm，如图 3-14a 所示。

d. 以中心线为镜像线，镜像生成右侧孔的主、俯视图，如图 3-14b 所示。

e. 复制孔主视图虚线至左视图，如图 3-14b 所示。

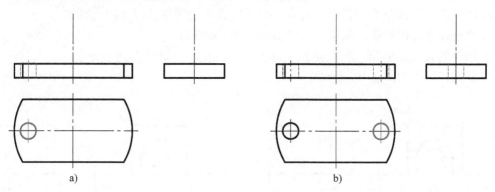

a)　　　　　　　　　　　　　b)

图 3-14　绘制底板孔

③ 绘制圆筒三视图。

a. 绘制 ϕ27mm、ϕ45mm 圆的俯视图。

b. 长对正（对象捕捉、对象追踪）绘制主视图。

c. 复制圆筒主视图图线至左视图，如图 3-15 所示。

④ 绘制 U 形凸台外形。

a. 绘制 R15mm 圆。用"圆"命令，对象捕捉主视图轴线最低交点，向正上方追踪 24mm。

b. 绘制 R15mm 圆的垂直切线，修剪半圆，绘制半圆的中心线并超出轮廓线 3~5mm。

c. 打断切线之间底板主视图图线，将其改到虚线图层上，或修剪掉重画虚线。

d. 长对正（对象捕捉、对象追踪）绘制俯视图。

e. 高平齐（对象捕捉、对象追踪）绘制左视图并修剪，如图 3-16 所示。

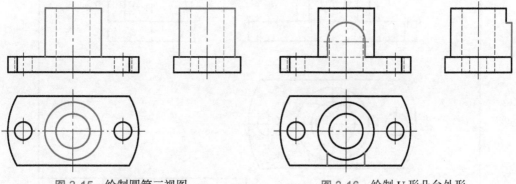

图 3-15　绘制圆筒三视图　　　　图 3-16　绘制 U 形凸台外形

⑤ 绘制 U 形凸台内孔。

a. 绘制 ϕ15mm 圆。用"圆"命令，对象捕捉 R15mm 圆心。

b. 长对正（对象捕捉、对象追踪）绘制俯视图。

c. 高平齐（对象捕捉、对象追踪）绘制左视图并修剪。

d. 绘制左视图孔轴线并超出轮廓线 3~5mm，如图 3-17 所示。

⑥ 绘制截交线与相贯线。

a. 利用宽相等绘制凸台（矩形部分）与大圆柱表面截交线。

b. 用"圆弧"命令的"起点、端点、半径"选项绘制相贯线（简化画法）。

c. 绘制外表面相贯线，取半径 $R22.5mm$（45mm/2）。

d. 绘制内表面相贯线，取半径 $R13.5mm$（47mm/2），如图 3-18 所示。

任务实施结果如图 3-19 所示。

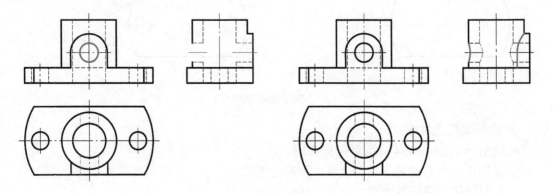

图 3-17　绘制 U 形凸台内孔　　　　　　　　　图 3-18　绘制相贯线

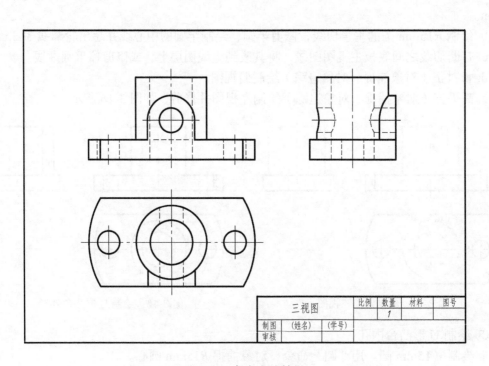

三视图			比例	数量	材料	图号
				1		
制图	（姓名）	（学号）				
审核						

图 3-19　任务实施结果

任务二　绘制轴承座三视图

一、工作任务

绘制轴承座三视图，如图 3-20 所示。要求设置图层，绘制图框和标题栏。

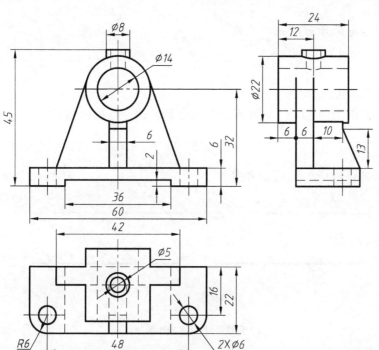

图 3-20　轴承座三视图

二、知识准备

1. "点"命令

【功能】可按设定的点样式在指定位置画点。可将选中的
　　　　对象按定数或定距等分画点。

　　点样式决定所画点的形状和大小。执行"点"命令之前，
应先设定点样式。单击下拉菜单"格式/点样式"，弹出"点
样式"对话框，如图 3-21 所示。

【命令】菜单：绘图/点/单点（或多点、定数等分、定
　　　　距等分）。

　　　　工具栏：绘图→ 。

　　　　命令行：point。

【操作1】单击"绘图/点/单点"命令后，命令行提示如下：

图 3-21　"点样式"对话框

命令：_point
当前点模式：PDMODE=0　PDSIZE=0.00

指定点：(指定点位置)
指定点：(按〈Enter〉键结束)

【操作2】 单击"绘图 / 点 / 定数等分"命令后，命令行提示如下：

命令：_divide
选择要定数等分的对象：(选择直线)
输入线段数目或 [块（B）]：3

结果如图 3-22a 所示。

【操作3】 单击"绘图 / 点 / 定距等分"命令后，命令行提示如下：

命令：_measure
选择要定距等分的对象：(选择直线)
指定线段长度或 [块（B）]：15

结果如图 3-22b 所示。

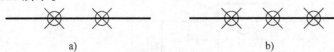

a)   b)

图 3-22　线段等分

a）定数等分　b）定距等分

2. "旋转" 命令

【功能】将选定的对象绕着指定的基点旋转指定的角度。

【命令】菜单：修改 / 旋转。

　　　　工具栏：修改→○。

　　　　命令行：rotate。

【操作】以图 3-23 所示图形为例。输入命令后，命令行提示如下：

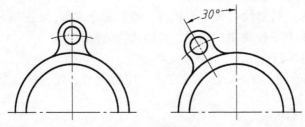

图 3-23　旋转示例

命令：_rotate
UCS 当前的正角方向：ANGDIR=逆时针 ANGBASE=0
选择对象：(窗选)指定对角点：找到 4 个

选择对象：（点选）找到 1 个，总计 5 个

选择对象：（点选）找到 1 个，总计 6 个

选择对象：（按〈Enter〉键确认）

指定基点：捕捉旋转中心

指定旋转角度，或 [复制（C）/参照（R）] <0>：30

【说明】

1）复制（C）：创建出旋转对象后仍保留原对象。执行该项后，根据提示输入角度。

2）参照（R）：输入参照角度，然后再输入新角度，计算两个角度差作为旋转角度。

3. "对齐" 命令

【功能】将选定的对象移动、旋转或倾斜，使其与另一个对象对齐。

【命令】菜单：修改 / 三维操作 / 对齐。

命令行：align。

【操作】以图 3-24 所示图形为例。输入命令后，命令行提示如下：

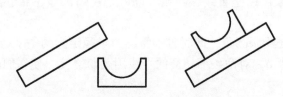

图 3-24 对齐示例

命令：_align

选择对象：（选择半圆）找到 1 个

选择对象：（选择半圆长方形）找到 1 个，总计 2 个

选择对象：（按〈Enter〉键确认）

指定第一个源点：（捕捉半圆长方形底中点）

指定第一个目标点：（捕捉斜长方形上中点）

指定第二个源点：（捕捉半圆长方形底端点）

指定第二个目标点：（捕捉斜长方形上端点）

指定第三个源点或 <继续>：（按〈Enter〉键）

是否基于对齐点缩放对象？[是（Y）/否（N）] <否>：N

4. "圆角" 命令

【功能】用指定的圆角半径对两条直线、圆弧或圆进行光滑的圆弧连接。

【命令】菜单：修改 / 圆角。

工具栏：修改→□。

命令行：fillet。

【操作】输入命令后，命令行提示如下：

命令：_fillet

当前设置：模式＝修剪，半径＝0.00

选择第一个对象或 [放弃（U）/多段线（P）/半径（R）/修剪（T）/多个（M）]：r

指定圆角半径 <0.00>：（输入半径）

选择第一个对象或 [放弃（U）/多段线（P）/半径（R）/修剪（T）/多个（M）]：（选择第一条边）

选择第二个对象，或按住 Shift 键选择要应用角点的对象：（选择第二条边）

【说明】

1）多段线（P）：对多段线的所有顶点处绘制圆角。

2）半径（R）：确定圆角半径。

3）修剪（T）：用于设定绘制圆角时是否修剪。

4）多个（M）：重复绘制多个圆角。

【提示】

1）绘制圆角的对象可以是直线、圆弧，也可以是圆，即在靠近拾取点近的地方用圆弧光滑地连接起来。

2）可对两条平行线绘制圆角，此时自动将圆角半径定为两条平行线距离的一半。

3）设置圆角半径为 0，对两条不相交的直线用圆角连接，使它们的延长线相交。

5. 特性匹配

【功能】把源对象的属性复制给目标对象，即把作为"源对象"的颜色、图层、线型、线型比例、线宽、文字样式、标注样式、剖面线等特性复制给其他的对象。

【命令】菜单：修改 / 特性匹配。

工具栏：标准→🖳。

命令行：matchprop。

【操作】输入命令后，命令行提示如下：

命令：_matchprop

选择源对象：（选择源对象）

当前活动设置：颜色 图层 线型 线型比例 线宽 厚度 打印样式 标注 文字 填充图案 多段线 视口 表格材质 阴影显示 多重引线

选择目标对象或 [设置（S）]：（选择目标对象）

选择目标对象或 [设置（S）]：（选择目标对象，或者按〈Enter〉键结束）

三、任务实施

绘图环境设置、图层设置、绘制图框及标题栏见本项目任务一的任务实施，这里不再赘述。

1. 绘制底板外形

用"矩形"或"直线"命令绘制长方形底板，"圆角"命令绘制左、右圆角，如图 3-25 所示。

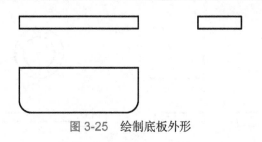

图 3-25 绘制底板外形

2. 绘制底板上的孔

捕捉圆角圆心，绘制俯视图中的左侧圆；长对正（对象捕捉、对象追踪）绘制主视图中的虚线；绘制中心线，使其超出轮廓线 3~5mm，如图 3-26a 所示。

镜像生成右侧孔的主、俯视图；复制孔主视图至左视图，如图 3-26b 所示。

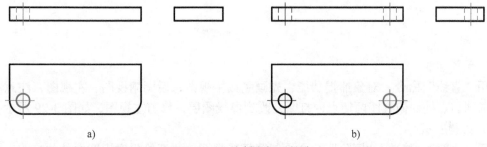

a) b)

图 3-26 绘制底板上的孔

3. 绘制凹槽

用"直线"或"矩形"命令绘制底板凹槽，并修剪主视图中的凹槽处图线；绘制左、右中心线和圆筒中心线，如图 3-27 所示。

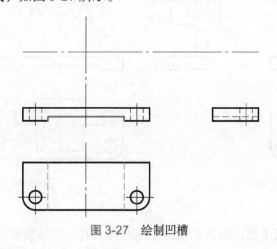

图 3-27 绘制凹槽

4. 绘制圆筒

绘制圆筒主视图中的 $\phi22mm$、$\phi14mm$ 圆，用"直线"或"矩形"命令，及对象捕捉、对象追踪功能绘制俯视图、左视图，如图 3-28a 所示。

圆筒俯视图、左视图向后移动 6mm，打断俯视图圆筒处底板可见线段，将其改到虚线图层上，如图 3-28b 所示。

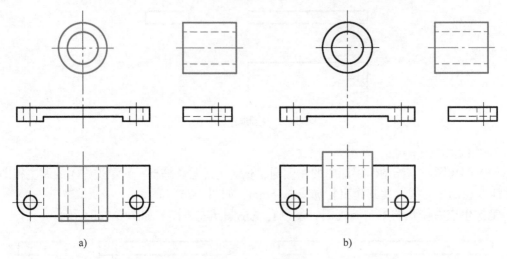

图 3-28 绘制圆筒

5. 绘制竖板

用"直线"命令、对象捕捉功能，先画竖板主视图，后画俯视图、左视图，注意：图线应画到切点处。俯视图两切点内打断，改到虚线图层，修剪左视图，如图 3-29 所示。

6. 绘制肋板

用"直线""修剪""删除"命令绘制肋板三视图，注意绘出左视图中的截交线，如图 3-30 所示。

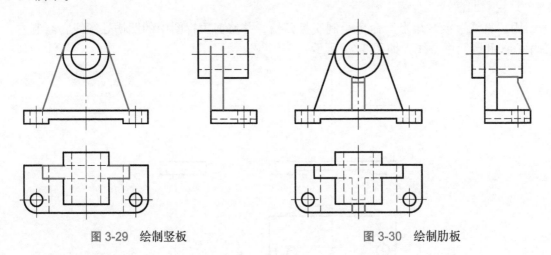

图 3-29 绘制竖板   图 3-30 绘制肋板

7. 绘制凸台及孔

绘制俯视图中的两个圆，绘制主视图中的凸台及孔，将其复制至左视图并修剪，如图 3-31 所示。

8. 绘制相贯线

用"圆弧"命令中"起点、端点、半径"，取半径 $R11$mm（22mm/2），画左视图外表面相贯线；同理，取半径 $R7$mm（14mm/2），画内表面相贯线。也可以高平齐，画出相贯线最低点，三点画圆弧，如图 3-32 所示。

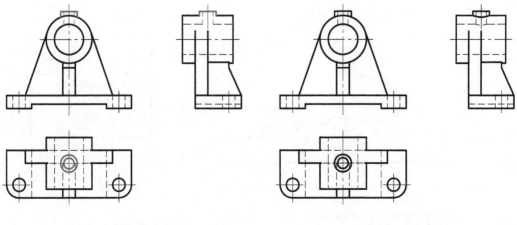

图 3-31　绘制凸台及孔　　　　　　　　　　图 3-32　绘制相贯线

综合练习题

1. 绘制图 3-33 所示的组合体三视图，并绘制图框和标题栏。

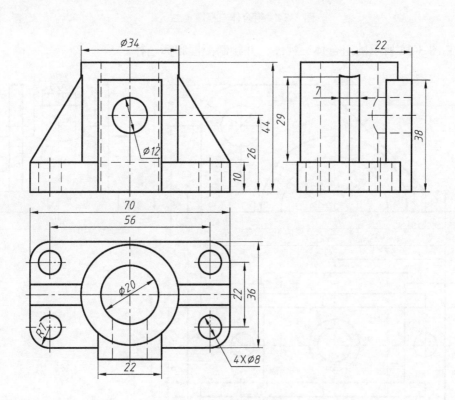

图 3-33　组合体三视图（一）

2. 绘制图 3-34 所示的组合体三视图，并绘制图框和标题栏。

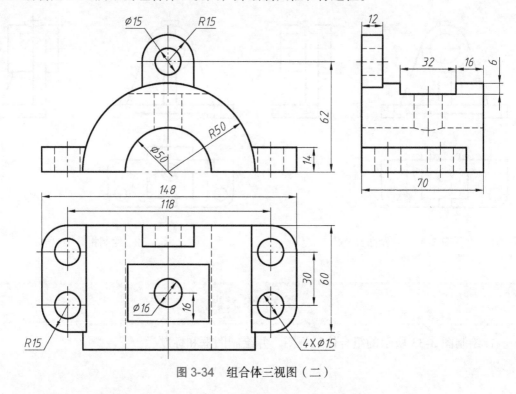

图 3-34　组合体三视图（二）

3. 绘制图 3-35 所示的组合体三视图，并绘制图框和标题栏。

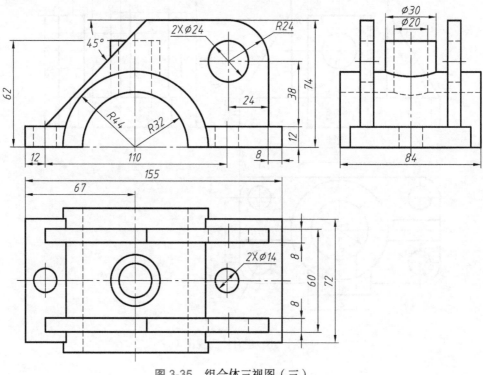

图 3-35　组合体三视图（三）

项目四

绘制剖视图

任务一　绘制组合体剖视图

一、工作任务

绘制组合体剖视图，如图 4-1 所示。借助绘图辅助功能，利用"绘图"和"修改"命令绘制图形，并绘制剖面线，无须标注尺寸。

二、知识准备

1. 样条曲线

【功能】样条曲线是通过一系列给定的点生成的光滑曲线。在机械图样中，主要用于绘制波浪线。

【命令】菜单：绘图 / 样条曲线。

工具栏：绘图→〜。

命令行：spline。

【操作】以图 4-2 所示图形为例。输入命令后，命令行提示如下：

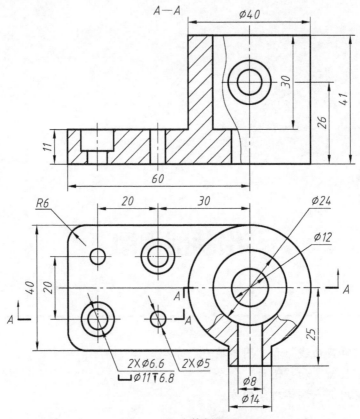

图 4-1　组合体剖视图

图 4-2　样条曲线及其应用

命令：_spline
指定第一个点或 [对象（O）]：（指定样条曲线的第一点）
指定下一点：（指定样条曲线的第二点）
指定下一点或 [闭合（C）/拟合公差（F）] <起点切向>：（指定样条曲线的第三点）
指定下一点或 [闭合（C）/拟合公差（F）] <起点切向>：（指定样条曲线的第四点）
指定下一点或 [闭合（C）/拟合公差（F）] <起点切向>：（指定样条曲线的第五点）
指定下一点或 [闭合（C）/拟合公差（F）] <起点切向>：（按〈Enter〉键）
指定起点切向：（指定样条曲线起点切向）
指定端点切向：（指定样条曲线终点切向）

【说明】

1）闭合（C）：使样条曲线闭合，起点、端点重合，并且两个点的切线方向相同。

2）拟合公差（F）：控制样条曲线对数据点的接近程度。拟合公差越小，样条曲线就越接近数据点，如为"0"，表明样条曲线精确通过指定点。

3）起点切向：确定样条曲线在起点处的切线方向，同时在起点与当前光标点间出现一条橡皮筋线，表示样条曲线在起点处的切线方向。

2. 图案填充

【功能】用于对封闭图形填充图案，在机械图样中，主要用于绘制剖面线。

【命令】菜单：绘图/图案填充。

工具栏：绘图→ ▨ 。

命令行：bhatch。

【操作】输入命令后，系统弹出如图4-3所示的"图案填充和渐变色"对话框。

图4-3 "图案填充和渐变色"对话框

（1）类型 该下拉列表用于设置填充的图案类型，有"预定义""用户定义"和"自定义"三个选项。机械图样一般选用前两个即可，如图4-4所示。

（2）图案 确定填充图案的样式。单击下拉箭头，出现填充图案样式名的下拉列表选项供用户选择，如图4-5所示。

单击下拉列表右边的按钮▨将出现如图4-6所示的"填充图案选项板"对话框，显示系统提供的填充图案。用户在其中选中图案名或图案图标后，单击"确定"按钮，该图案即设置为系统的默认值。机械制图中的金属材料剖面线图案为ANSI31，非金属材料剖面线图案为ANSI37。也可以用"自定义"，设定"角度、间距"。

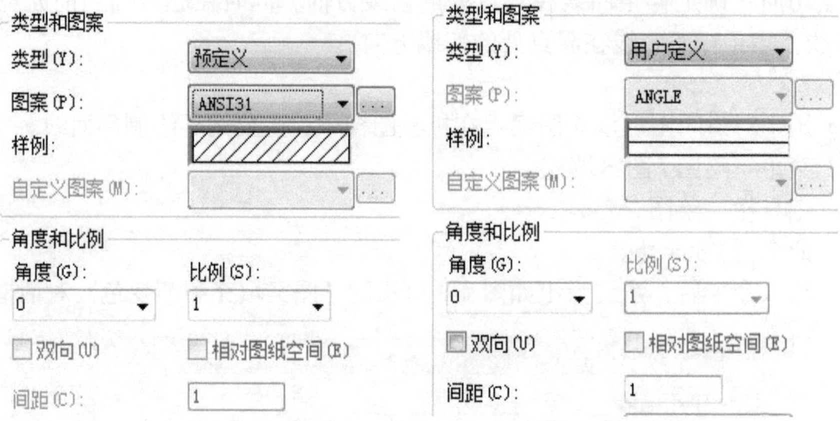

图 4-4 “预定义”和“用户定义”类型

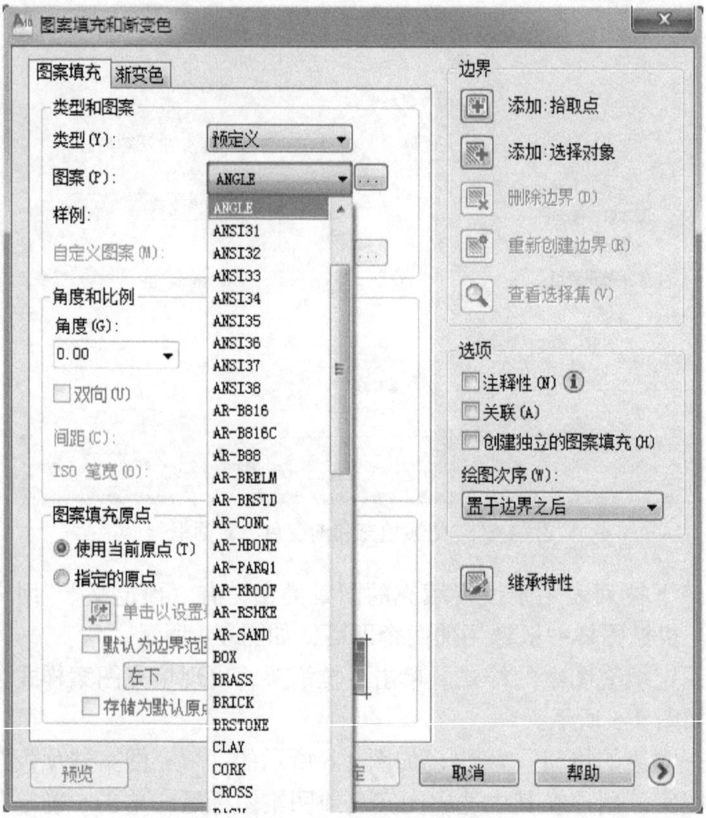

图 4-5 “图案”下拉列表

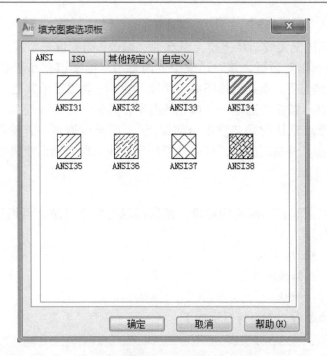

图 4-6 "填充图案选项板"对话框

（3）样例 显示当前选中的图案样例。

（4）角度 设置图案的旋转角，系统默认值为 0°。机械制图规定剖面线倾角为 45°或 135°，特殊情况可使用 30°和 60°。

（5）比例 放大或缩小预定义图案，以保证剖面线有适当的疏密程度。系统默认值为"1"。

（6）间距 在"类型"中选择"用户定义"选项时，该选项可用。用于设置平行线之间的距离。

（7）添加：拾取点 单击该按钮，可在所要绘制剖面线的封闭区域内点取一点来选择边界，选中的边界以虚像显示，然后按〈Enter〉键或使用右键菜单"确认"返回"边界图案填充"对话框。命令行提示如下：

```
命令：_bhatch
拾取内部点或 [选择对象（S）/删除边界（B）]：（内部单击）正在选择所有对象…
正在选择所有可见对象…
正在分析所选数据…
正在分析内部孤岛…
拾取内部点或 [选择对象（S）/删除边界（B）]：（按〈Enter〉键）
```

（8）添加：选择对象 单击该按钮，可按"选择对象"的方式指定图案填充边界。

（9）预览 预览图案填充效果。

（10）确定 结束填充命令操作，并按用户所指定的方式进行图案填充。

【说明】

1）修改已填充的剖面线，从下拉菜单选取"修改/图案填充"或双击已填充的图案，弹出"图案填充编辑"对话框，该对话框中的内容与"图案填充和渐变色"对话框一样。在该对话框中可根据需要，重新选择图案、角度、比例；如要继承其他已填充图案的特性，可单击 "继承特性"按钮并选定一个填充的图案，类似"特性匹配"。

2）图案填充原点默认的是"使用当前原点"，即坐标原点。若选择"指定的原点"，单击以设置新的原点，并指定原点，可以使新的剖面线与原有剖面线错位。

3. 打断和打断于点

（1）打断

【功能】在两点之间打断选定的对象，使其间隔为两个对象。可用于图线穿过尺寸数字时断开。

【命令】菜单：修改/打断。

工具栏：修改→ 。

命令行：break。

【操作】输入命令后，命令行提示如下：

命令：_break
选择对象：（单击对象，单击处即为默认第一个打断点）
指定第二个打断点 或 [第一点（F）]：F
指定第一个打断点：（指定断开点1）
指定第二个打断点：（指定断开点2）

（2）打断于点　在一点打断选定的对象，使其成为断开而相连的两个对象。单击"修改"工具栏 按钮，即可操作。

三、任务实施

设置绘图环境、图层以及绘制图框、标题栏内容不再赘述。

1）绘制圆筒局部剖视图，如图4-7所示。

2）绘制底板阶梯剖视图，如图4-8所示。

3）绘制凸台局部剖视图，如图4-9所示。

4）画剖面线。启动"图案填充"命令，在图4-3所示的"图案填充和渐变色"对话框中，选取"类型"为"预定义"，"图案"为"ANSI31"，角度为"0"，比例为"1"，如图4-4所示。单击 "添加：拾取点"按钮，依次在填充区域内单击选定边界，如图4-10所示。应注意每个视图分别填充。

5）剖视图的标注如图4-11所示。

① 画剖切符号，剖切平面两端标注大写字母。

② 标注剖视图的名称 $A—A$。

③ 投射方向用箭头表示，此处可以省略。可用"快速引线"或"多段线"命令画箭头。

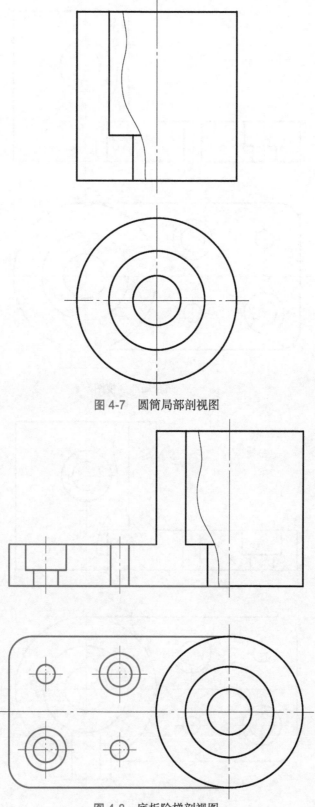

图 4-7 圆筒局部剖视图

图 4-8 底板阶梯剖视图

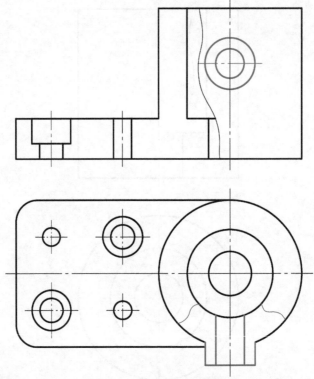

图 4-9　凸台局部剖视图

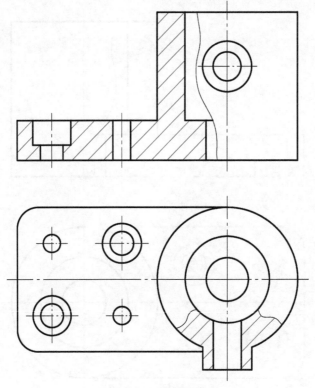

图 4-10　画剖面线

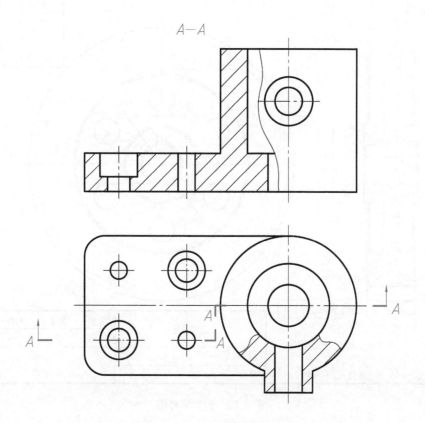

图 4-11　剖视图的标注

任务二　绘制齿轮剖视图

一、工作任务

绘制齿轮零件图，如图 4-12 所示。借助绘图辅助功能，利用"绘图"和"修改"命令绘制图形，并绘制剖面线，无须标注尺寸。

二、知识准备

1."倒角"命令

【功能】对选定的两条不平行的直线按指定的距离或角度进行倒角。

【命令】菜单：修改 / 倒角。

　　　　工具栏：修改→◻。

　　　　命令行：chamfer。

【操作】输入命令后，命令行提示如下：

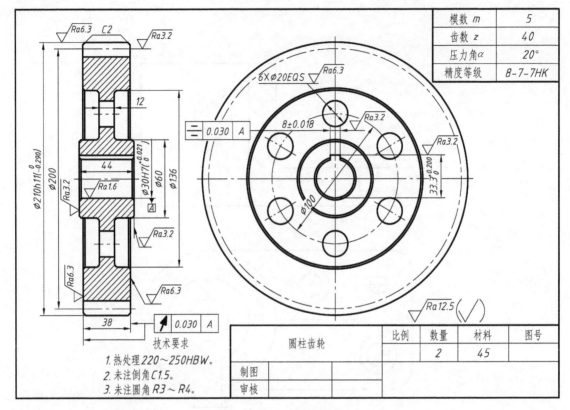

图 4-12　齿轮零件图

命令：_chamfer

（"修剪"模式）当前倒角距离 1 = 0.00，距离 2 = 0.00

选择第一条直线或 [放弃（U）/多段线（P）/距离（D）/角度（A）/修剪（T）/方式（E）/多个（M）]：D

指定第一个倒角距离 <0.00>：（输入第一条边的倒角距离）

指定第二个倒角距离 <2.00>：（输入第二条边的倒角距离）

选择第一条直线或 [放弃（U）/多段线（P）/距离（D）/角度（A）/修剪（T）/方式（E）/多个（M）]：（选择要倒角的第一条边）

选择第二条直线，或按住〈Shift〉键选择要应用角点的直线：（选择要倒角的第二条边）

或者：

命令：_chamfer

（"修剪"模式）当前倒角距离 1 = 2.00，距离 2 = 2.00

选择第一条直线或 [放弃（U）/多段线（P）/距离（D）/角度（A）/修剪（T）/方式（E）/多个（M）]：A

指定第一条直线的倒角长度 <0.00>：（输入第一条边的倒角长度）

指定第一条直线的倒角角度 <0>：（输入倒角斜线与第一条边的夹角）

选择第一条直线或 [放弃（U）/多段线（P）/距离（D）/角度（A）/修剪（T）/方式（E）/多个（M）]：（选择要倒角的第一条边）

选择第二条直线，或按住〈Shift〉键选择要应用角点的直线：（选择要倒角的第二条边）

【说明】

1）多段线（P）：对整条多段线倒角。

2）距离（D）：定义倒角距离，两个倒角距离可以不相等。

3）角度（A）：定义第一条边的倒角距离和倒角斜线与该线的夹角。

4）修剪（T）：倒角时是否裁剪原来的倒角边，默认为裁剪。输入"T"并按〈Enter〉键，提示"输入修剪模式选项 [修剪（T）/ 不修剪（N）] <修剪 >："。

5）方式（E）：用什么方式进行倒角。输入"E"并按〈Enter〉键，提示"输入修剪方法 [距离（D）/ 角度（A）] <距离 >："，选择"D"或"A"方式，可对已定义过的倒角方式进行切换。

6）多个（M）：一次可以完成多个相同倒角的操作。

2. 夹点

（1）夹点的功能　夹点就是对象上的特征点，是控制对象的位置和大小的关键点，它提供了一种方便、快捷的编辑操作途径。选择对象时，在对象上显示出若干个小方框，这些小方框就称为对象的夹点，如图 4-13 所示。

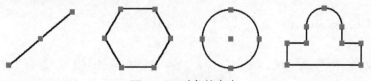

图 4-13　对象的夹点

利用 AutoCAD 的夹点功能，可以对对象方便地进行拉伸、移动、旋转、缩放及镜像等编辑操作。

（2）使用夹点编辑对象　在不执行任何命令的情况下选择对象，显示其夹点（蓝色），然后单击其中一个夹点，这个点高亮显示（红色），该点即为控制命令中的"基点"。拉伸是进入夹点功能编辑的默认命令，此时命令行弹出如下控制命令与提示信息：

** 拉伸 **

指定拉伸点或 [基点（B）/复制（C）/放弃（U）/退出（X）]：

结果如图 4-14 所示。

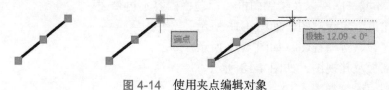

图 4-14　使用夹点编辑对象

【说明】

1）指定拉伸点：默认选项，指定拉伸后的新位置。

2）基点（B）：确定基点。输入"B"，提示"指定基点："。

3）复制（C）：进行拉伸复制，复制出一个拉伸后的对象。

【提示】

1）若光标沿直线延长方向拉伸，输入数值，即为拉长直线。

2）若单击直线中点的夹点，即可移动直线。若不进行拉压操作，可单击鼠标右键，弹出右键快捷菜单，从中选取所需要的命令，如图4-15所示。也可对提示行按一次〈Enter〉键，AutoCAD将弹出下一条命令，再连续按〈Enter〉键，将依次弹出下列控制命令且可周而复始。

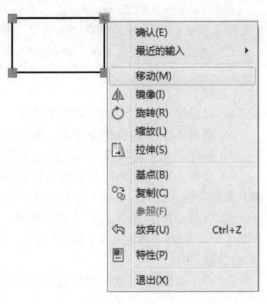

图 4-15 "夹点"右键快捷菜单

```
** 移动 **
指定移动点或 [基点（B）/复制（C）/放弃（U）/退出（X）]：
** 旋转 **
指定旋转角度或 [基点（B）/复制（C）/放弃（U）/参照（R）/退出（X）]：
** 比例缩放 **
指定比例因子或 [基点（B）/复制（C）/放弃（U）/参照（R）/退出（X）]：
** 镜像 **
指定第二点或 [基点（B）/复制（C）/放弃（U）/退出（X）]：
```

【提示】

1）以上5个控制命令与"修改"工具栏中相同命令的基本操作相同。

2）若要复制产生新的对象，应在执行命令时输入"C"。

3）按 <Esc> 键可取消夹点。

三、任务实施

设置绘图环境、图层以及绘制图框、标题栏内容不再赘述。

1）绘制轮齿、轮缘视图，如图4-16所示。

2）绘制轮毂、键槽视图，如图4-17所示。

3）绘制辐板及孔视图，如图4-18所示。

4）绘制剖面线，如图4-19所示。

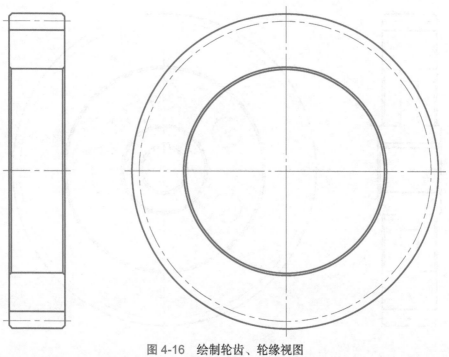

图 4-16　绘制轮齿、轮缘视图

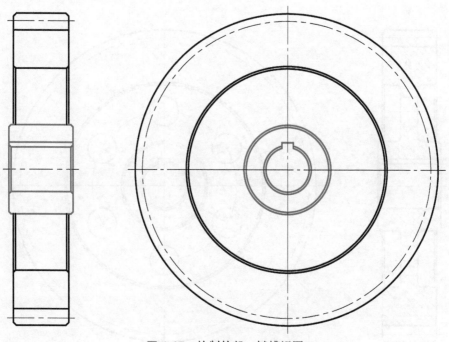

图 4-17　绘制轮毂、键槽视图

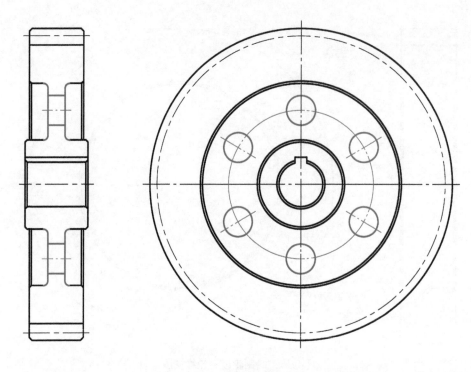

图 4-18 绘制辐板及孔视图

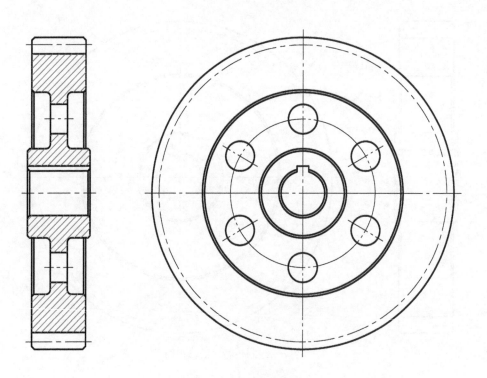

图 4-19 绘制剖面线

综合练习题

1. 绘制如图 4-20 所示的组合体剖视图，要求绘制图框和标题栏。

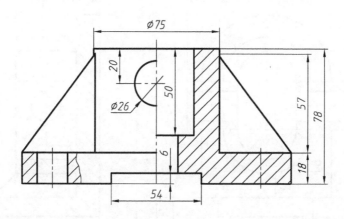

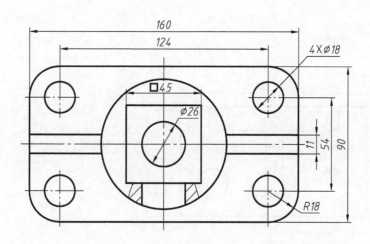

图 4-20 组合体剖视图（一）

2. 绘制如图 4-21 所示的组合体剖视图，要求绘制图框和标题栏。

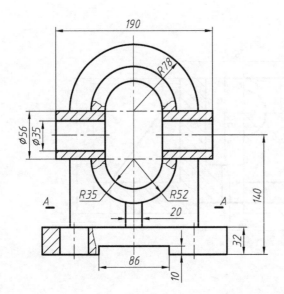

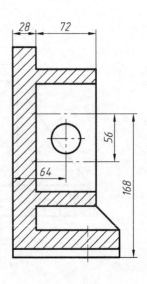

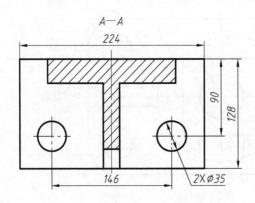

图 4-21　组合体剖视图（二）

3. 绘制如图 4-22 所示的组合体剖视图，要求绘制图框和标题栏。

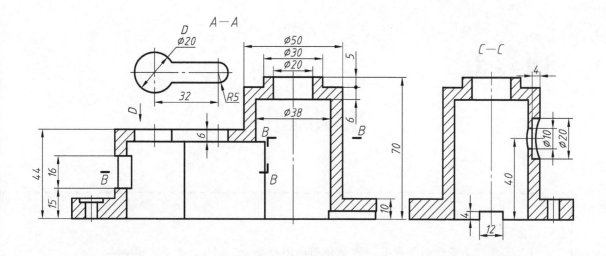

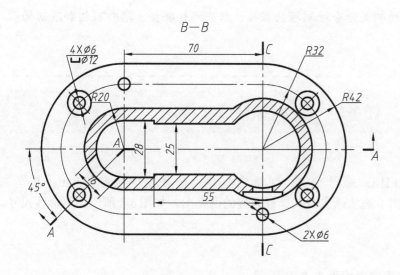

图 4-22 组合体剖视图（三）

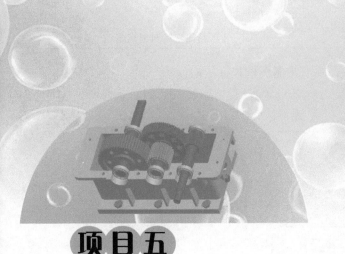

项目五

绘制标准件

【知识目标】

    1）掌握"正多边形"命令，熟练使用绘图命令。

    2）熟悉"合并"命令，熟练使用修改命令。

    3）熟悉新建"多线样式"和"多线"命令。

【能力目标】

    能利用 AutoCAD 的相关命令绘制螺栓联接、双头螺柱联接、螺钉联接和滚动轴承等图样。

任务一　绘制螺柱联接视图

一、工作任务

    已知双头螺柱 M16，螺母 M16，弹簧垫圈 16，被联接件板厚 25mm，基座高 45mm。用比例（近似）画法画出双头螺柱联接的两视图，如图 5-1 所示，不标注尺寸。

二、知识准备

1. 正多边形

【功能】该命令可按指定方式画正多边形。

【命令】菜单：绘图 / 正多边形。

        工具栏：绘图→⬠。

        命令行：polygon。

【操作】输入命令后，命令行提示如下：

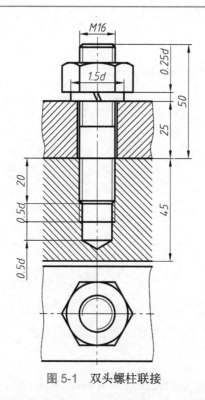

图 5-1 双头螺柱联接

命令：_polygon 输入边的数目 <4>：6
指定正多边形的中心点或 [边（E）]：指定中心点
输入选项 [内接于圆（I）/外切于圆（C）] <I>：I
指定圆的半径：15

【说明】

1）边（E）：根据多边形的边长确定多边形，如图 5-2a 所示。

2）内接于圆（I）：以多边形的外接圆形式确定多边形，如图 5-2b 所示。

3）外切于圆（C）：以多边形的内切圆形式确定多边形，如图 5-2c 所示。

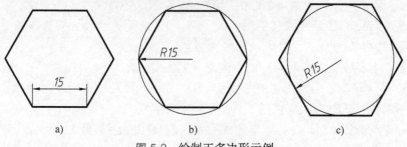

图 5-2 绘制正多边形示例

2. 合并

【功能】合并相似对象以形成一个完整的对象。

【命令】菜单：修改 / 合并。

工具栏：修改→ ⊢⊢。

命令行：join。

【操作】输入命令后，命令行提示如下：

命令：_join 选择源对象：（选择直线）

选择要合并到源的直线：（选择直线）找到 1 个

选择要合并到源的直线：（按〈Enter〉键）

已将 1 条直线合并到源

合并圆弧命令行提示如下：

命令：_join 选择源对象：（选择圆弧）

选择圆弧，以合并到源或进行 [闭合（L）]：（选择圆弧）

选择要合并到源的圆弧：找到 1 个（按〈Enter〉键）

已将 1 个圆弧合并到源

【提示】

1）直线对象必须都共线，它们之间可以有间隙或部分重合。

2）圆弧对象必须都具有相同半径和圆心点，它们之间可以有间隙或部分重合。

3）椭圆弧必须具有相同的长轴和短轴，它们之间可以有间隙。

3. 多线

【功能】按当前多线样式（设置的条数、间距、线型和封口形式）绘制多条平行线。

【命令】菜单：绘图 / 多线。

命令行：mline。

【操作】输入命令后，命令行提示如下：

命令：_mline

当前设置：对正 = 上，比例 = 20.00，样式 = STANDARD

指定起点或 [对正（J）/比例（S）/样式（ST）]：S （选"比例"选项，设置比例）

输入多线比例 <20.00>：1 （输入多线比例）

当前设置：对正 = 上，比例 = 1.00，样式 = STANDARD

指定起点或 [对正（J）/比例（S）/样式（ST）]：（指定起点）

指定下一点：（指定下一点）

指定下一点或 [放弃（U）]：（指定下一点，或按〈Enter〉键）

指定下一点或 [闭合（C）/放弃（U）]：（指定下一点，或按〈Enter〉键）

【说明】

1）对正（J）：确定如何在指定的点之间绘制多线。键入"J"并按〈Enter〉键，命令行提示"输入对正类型 [上（T）/无（Z）/下（B）] < 下 > :"。

2）比例（S）：控制多线的全局宽度，这个比例基于在多线样式定义中建立的宽度。

3）样式（ST）：指定多线的样式。

默认 STANDARD 多线样式为间距 1mm 的两条平行线。可新建多线样式绘制指定多线。
单击菜单"格式/多线样式"，弹出"多线样式"对话框，如图 5-3 所示。

图 5-3 "多线样式"对话框

单击"新建"按钮，在"创建新的多线样式"对话框中，输入多线样式的名称，单击
"继续"按钮，弹出"新建多线样式：M3"对话框，如图 5-4 所示。

图 5-4 "新建多线样式"对话框

在"封口"区可以设置多线"起点""端点"的封口形式，在"图元"区可以"添加""删除"图元，设置"偏移"距离，选择"颜色""线型"。设置完成后，单击"确定"按钮，返回"多线样式"对话框，并"置为当前"。

如果要创建多个多线样式，应在创建新样式之前保存当前样式；否则，将丢失对当前样式所做的修改。

三、任务实施

1）设置并启用绘图辅助工具。

2）设置图层。

3）绘制双头螺柱联接图。

① 绘制基座内螺纹，如图 5-5 所示。

② 绘制 M16 双头螺柱与基座内螺纹联接，如图 5-6 所示。

③ 绘制板厚 25mm，如图 5-7 所示。

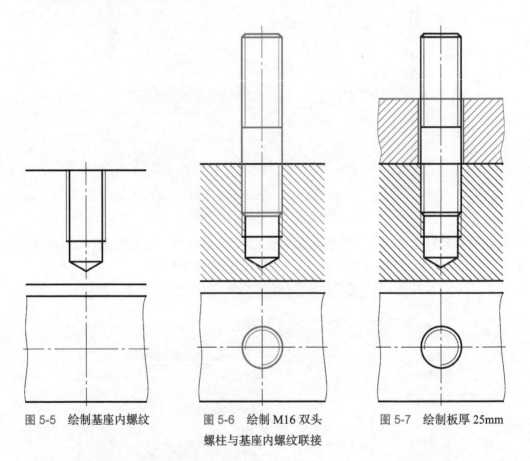

图 5-5 绘制基座内螺纹　　图 5-6 绘制 M16 双头　　图 5-7 绘制板厚 25mm
螺柱与基座内螺纹联接

④ 绘制弹簧垫圈，如图 5-8 所示。

⑤ 绘制螺母六棱柱，如图 5-9 所示。

⑥ 绘制螺母截交线，如图 5-10 所示。

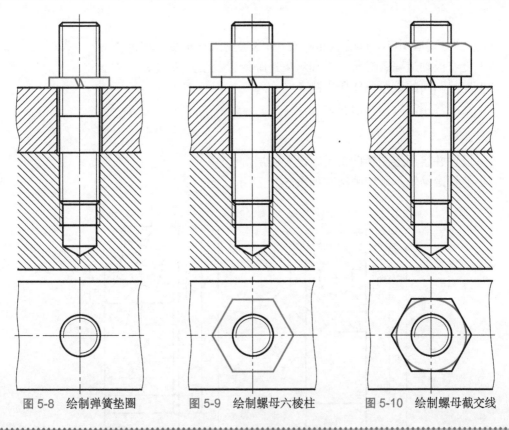

图 5-8 绘制弹簧垫圈　　　图 5-9 绘制螺母六棱柱　　　图 5-10 绘制螺母截交线

任务二　绘制滚动轴承

一、工作任务

完成滚动轴承 6305 和 30306 在轴端上的装配图，如图 5-11 所示，不标注尺寸。

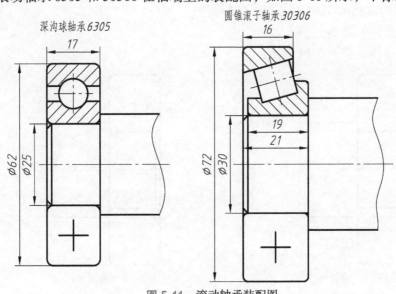

深沟球轴承6305　　　圆锥滚子轴承30306

图 5-11　滚动轴承装配图

二、知识准备

任务二主要运用已学过的 AutoCAD 命令绘制滚动轴承标准件。

1）复习极轴追踪、对象捕捉和对象追踪设置及使用方法。

2）复习图层的设置及使用方法。

3）复习常用的绘图和修改命令。

三、任务实施

1）设置并启用绘图辅助工具，设置图层。

2）熟悉滚动轴承规定画法，如图 5-12 所示。

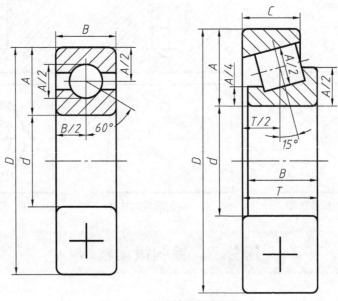

图 5-12　滚动轴承规定画法

3）绘制深沟球轴承 6305 在轴端上的装配图。

①绘制外形，如图 5-13 所示。

②绘制滚动体，如图 5-14 所示。

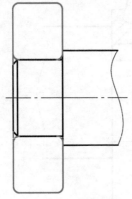

图 5-13　绘制外形

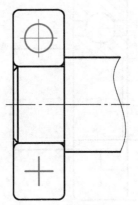

图 5-14　绘制滚动体

③ 绘制内、外圈，如图 5-15 所示。

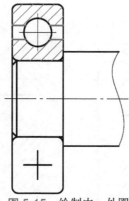

图 5-15 绘制内、外圈

4）绘制圆锥滚子轴承 30306 在轴端上的装配图（步骤省略，课堂练习）。

综合练习题

1. 绘制螺栓联接三视图，如图 5-16 所示，不标注尺寸。

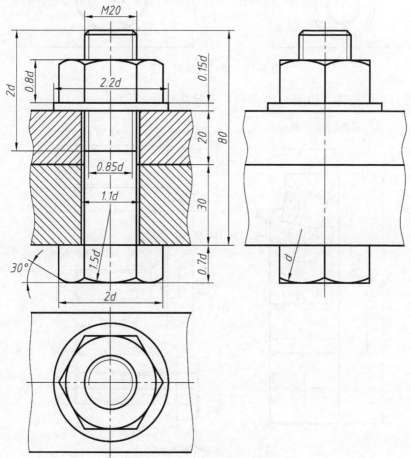

图 5-16 螺栓联接三视图

2. 绘制螺钉联接两视图，如图 5-17 所示，不标注尺寸。

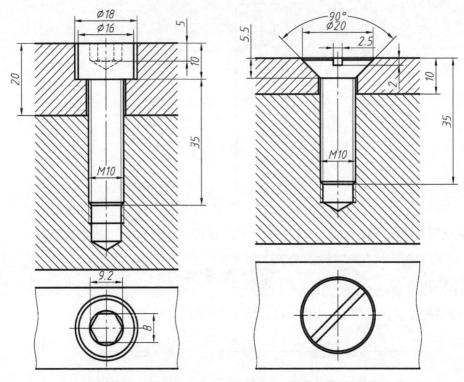

图 5-17　螺钉联接两视图

3. 绘制铣刀头标准件，如图 5-18 所示。不标注尺寸。

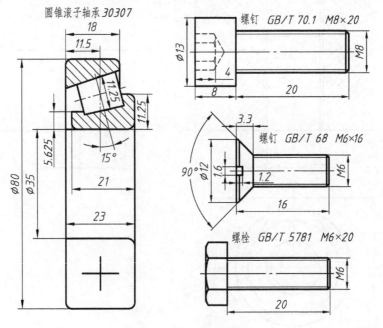

图 5-18　铣刀头标准件

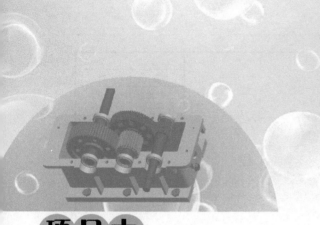

项目六

图形标注

【知识目标】

1）掌握文字样式的创建及文字注写、编辑的方法。

2）掌握标注样式的设置及尺寸标注、编辑的方法。

3）掌握尺寸公差、几何公差（本软件用"形位公差"，GB/T 1182—2008 中称为几何公差）的标注。

【能力目标】

掌握 AutoCAD 的文字、标注样式的设置方法及相关命令，能熟练进行图样的尺寸、公差和文字的标注。

任务一 注写文字

一、工作任务

新建两种文字样式并进行注写，如图 6-1 所示。样式名、字体和字高参照图 6-1 自定，要求绘制图框、标题栏和参数栏。

二、知识准备

1. 创建文字样式

图样中除了要表达机件的形状、结构外，还要标注尺寸，注写技术要求，填写标题栏等。要使图样中标注和填写的文字符合要求，应首先根据制图标准设置所需的文字样式。

【功能】创建新的文字样式或修改已有的文字样式。

【命令】菜单：格式 / 文字样式。

　　　　工具栏：样式→**A**。

　　　　命令行：style。

模数 m	2
齿数 z	15
压力角 α	20°
精度等级	8-7-7DC

$\phi 30H7\left(^{+0.021}_{0}\right)$　$\phi 30k6\left(^{+0.015}_{+0.002}\right)$　$\phi 30\dfrac{H7}{k6}$

$\phi 180h11\left(^{0}_{-0.250}\right)$　8 ± 0.018　$33.3^{+0.20}_{0}$

$75°46'\pm20''$　35%

技术要求

1. 调质220~250HBW。
2. 齿面淬火50~55HRC。
3. 未注倒角C1，锐角去毛刺。

齿轮轴		比例	数量	材料	图号
			1	45	
制图					
审核					

图 6-1　文字注写示例

【操作】输入命令后，系统弹出如图 6-2 所示的"文字样式"对话框。用户利用该对话框可以修改或创建文字样式，并设置文字的当前样式。

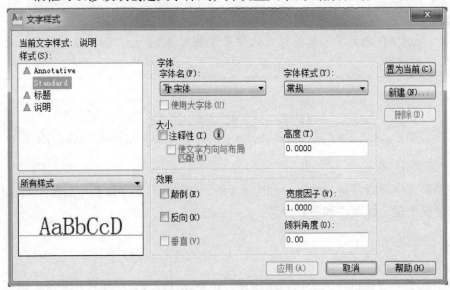

图 6-2　"文字样式"对话框

（1）样式（S）　该列表框列出了已定义的样式名。

例如选择"Standard"，在"字体"设置区中选择"字体名"为"仿宋体"，单击"应用"按钮，Standard 文字样式就被修改，用其标注或填写的文字也随之更改。单击"置为当前"按钮，将其定义为当前文字样式。

（2）"新建"按钮 单击该按钮，系统弹出如图6-3所示的"新建文字样式"对话框，
在"样式名"中输入汉字或西文文字样式名，
单击"确定"按钮，返回"文字样式"对话框。

（3）字体 更改样式的字体。

1）字体名：下拉列表用于选择字体。

2）字体样式：下拉列表用于选择字体格
式，如常规、斜体、粗体和粗斜体等，部分西

图6-3 "样式名"对话框

文字体可以选择字体样式。对于机械图样，用于注写或填写的汉字选择"仿宋体"，用于
标注尺寸的字母和数字可选择"gbeitc.shx"字体或其他斜体、正体西文。

（4）大小 更改文字的大小。

1）注释性：指定文字为注释性。

2）高度：用于设置键入文字的默认高度，其默认值是"0"。在输入单行文字时，命
令行将显示"指定高度："提示，要求指定文字的高度；输入多行文字时，文字高度可以
在对话框中设置。如果此处设置了文字高度，该文字样式用于标注尺寸，标注样式中无法
再设置文字高度，建议用户将文字高度设置为"0"。

（5）效果 修改字体的特性，如高度、宽度因子、倾斜角度以及是否颠倒显示、反向
或垂直。

1）宽度因子：用于设置文字字符的宽度与高度之比，可按照制图标准设置。

2）倾斜角度：用于设置文字的倾斜角度。角度为0°不倾斜，角度为正值表示右倾，
负值表示左倾。

2. 文字注写

（1）单行文字

【功能】该命令以单行方式输入文字，通过按〈Enter〉键创建多个行文字，但每一行都
是一个独立的对象。该命令可用来创建文字内容比较简短的文字对象，也可进
行单行编辑文字。

【命令】菜单：绘图/文字/单行文字。

命令行：text或dtext。

【操作】输入命令后，命令行提示如下：

```
命令：_dtext
当前文字样式："Standard"文字高度：2.50注释性：否
指定文字的起点或[对正（J）/样式（S）]：（指定文字输入的起点）
指定高度<2.50>：（输入文字高度）
指定文字的旋转角度<0.00>：（指定旋转角度，按〈Enter〉键）
（输入文字内容，换行按〈Enter〉键，结束命令按〈Enter〉键）
```

【说明】

1）对正（J）：用于设定输入文字的对正方式，是文字的行与指定点的对正模式选项。
选择该选项，命令行提示如下：

输入选项[对齐（A）/布满（F）/居中（C）/中间（M）/右对齐（R）/左上（TL）/中上（TC）/右上（TR）/左中（ML）/正中（MC）/右中（MR）/左下（BL）/中下（BC）/右下（BR）]：

系统为文字提供了多种对正方式，用户可根据需要选择。默认以行的左下（BL）角点为起点即可，符合书写习惯。

2）样式（S）。可以设置当前使用的文字样式。选择该选项时，命令行提示如下：

输入样式名或 [?] <Standard>：

直接输入文字样式的名称，也可输入"？"后按〈Enter〉键，在"AutoCAD 文本窗口"中显示当前已有的文字样式。

【提示】

1）特殊字符输入方法如下：

① 直径符号 φ。%%C。

② 角度符号° 。%%D。

③ 正、负符号 ±。%%P。

2）直径符号 φ 不是中文字体，用中文字体样式标注、书写时常出现"？"。

（2）多行文字

【功能】该命令以段落整体的方式输入文字，更易于控制文字样式和段落特性。在机械制图中，常使用多行文字命令输入文字。

【命令】菜单：绘图 / 文字 / 多行文字。

工具栏：绘图→**A**。

命令行：mtext。

【操作】输入命令后，命令行提示如下：

命令：_mtext
当前文字样式："hz" 文字高度：2.5 注释性：否
指定第一角点：(指定段落文字框的第一角点)
指定对角点或 [高度（H）/对正（J）/行距（L）/旋转（R）/样式（S）/宽度（W）/栏（C）]：(指定另一角点)

系统弹出"多行文字编辑器"对话框如图 6-4 所示。它由"文字格式"工具栏和一个顶部带标尺的文字输入区组成。

1）"文字格式"工具栏：用于文字样式选择（样式名），设置文字高度，文字加粗、倾斜、加上 / 下划线、堆叠等，多行文字对正、对齐、行距、倾斜角度和宽度因子的设置以及插入特殊符号等操作。

2）快捷菜单：在文字输入区单击鼠标右键，弹出快捷菜单，如图 6-5 所示。可以进行插入符号和字段、输入文字、段落对齐以及查找和替换文字等操作。

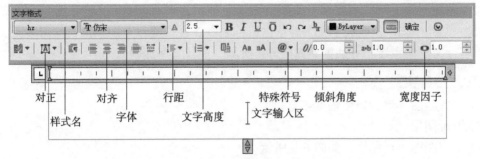

图 6-4 "多行文字编辑器"对话框

3）标尺和文字输入区：标尺左侧上、下分别是第一行和段落缩进滑块，右侧有段落列宽拉伸滑块。文字输入区即输入和编辑文字区域。

3. 文字编辑

（1）编辑单行文字

1）修改文字内容。双击文字，或单击下拉菜单"修改 / 对象 / 文字 / 编辑"，或选中文字后单击鼠标右键，在快捷菜单中单击"编辑"命令，进入文字区域修改内容。

2）编辑文字特性

① 方法一：修改该文字样式（格式 / 文字样式）。

② 方法二：选中文字，单击"标准"工具栏中的▥ "特性"按钮，或单击鼠标右键，在快捷菜单中选择"特性"命令，打开文字的"特性"选项板，如图 6-6 所示。在"特性"选项板中单击要编辑项进行修改。

图 6-5 文字编辑器的快捷菜单

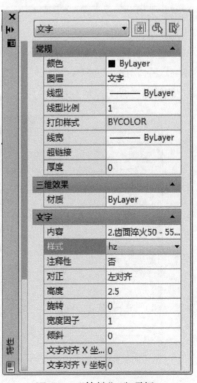

图 6-6 "特性"选项板

（2）编辑多行文字　编辑多行文字的方法较简单，可双击文字，或单击下拉菜单"修改/对象/文字/编辑"，或选中文字后单击鼠标右键，在快捷菜单中单击"编辑多行文字"，打开"多行文字编辑器"对话框，如图6-4所示，进行文字编辑。

三、任务实施

1）设置绘图环境，启用辅助工具。

2）设置图层。

3）绘制图框、标题栏，如图6-7所示。

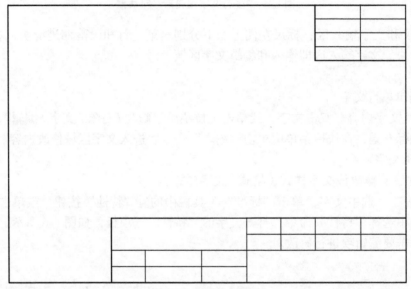

图 6-7　图框、标题栏

4）创建文字样式。创建两种文字样式，用于注写汉字和尺寸标注。

① 样式名"hz"，字体"仿宋"体，文字高度"0"，用于标题栏、技术要求、参数栏的注写，如图6-8所示。

图 6-8　汉字文字样式

② 样式名"sz",字体"gbeitc.shx",文字高度"0",用于尺寸标注,如图6-9所示。若选中"使用大字体"复选框,在"大字体"下拉列表中可选择"gbcbig.shx"。

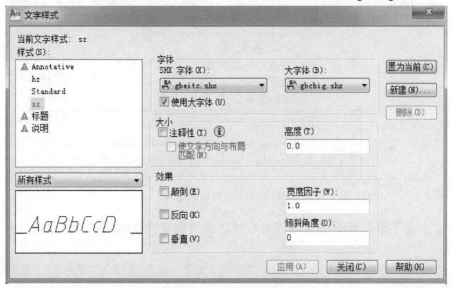

图 6-9 西文文字样式

5)将注写文字的图层设置为当前层。

6)文字注写

① 填写标题栏、参数栏。单击下拉菜单"绘图 / 文字 / 多行文字",或单击工具栏 **A** 命令,命令行提示如下:

命令:_mtext当前文字样式:"hz"文字高度:0.20　注释性:否
指定第一角点:(对象捕捉框格的左下交点)
指定对角点或[高度(H)/对正(J)/行距(L)/旋转(R)/样式(S)/宽度(W)/栏(C)]:(对象捕捉框格的右上交点)

系统弹出"多行文字编辑器"对话框,如图6-4所示。单击"对正"按钮**A** ,选择"正中",设置字高为3.5mm,输入文字;设置字高为5mm,输入图名和学校名。重复命令,分别输入格内文字。

② 注写技术要求。单击下拉菜单"绘图 / 文字 / 多行文字",或单击工具栏 **A** 命令,命令行提示如下:

命令:_mtext 当前文字样式:"hz"文字高度: 5 注释性: 否
指定第一角点:(用鼠标指定文字区域第一角点)
指定对角点或 [高度(H)/对正(J)/行距(L)/旋转(R)/样式(S)/宽度(W)/栏(C)]:(用鼠标指定文字区域另一角点)

系统弹出"多行文字编辑器"对话框,设置字高,输入文字,如图6-10所示。

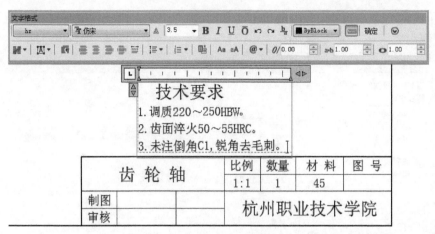

图 6-10　注写技术要求

【提示】文字输入区不够大可以向右拉动滑块调整，段落文字位置可以通过"移动"命令调整。

③ 注写尺寸数字。单击下拉菜单"绘图 / 文字 / 多行文字"，或单击工具栏 **A** 命令，命令行提示如下：

> 命令：_mtext 当前文字样式："hz" 文字高度：5 注释性：否
>
> 指定第一角点：（用鼠标指定文字区域第一角点）
>
> 指定对角点或 [高度（H）/对正（J）/行距（L）/旋转（R）/样式（S）/宽度（W）/栏（C）]：（用鼠标指定文字区域另一角点）

系统弹出"多行文字编辑器"对话框。选择文字样式为"sz"，设置字高为 3.5mm，输入尺寸数字，结果如图 6-1 所示。

【提示】

1）插入直径、正负、度数符号可单击"多行文字编辑器"对话框中的 @▾ "符号"按钮。

2）分子、分母堆叠：输入"分子 / 分母"，选中输入对象，单击 ᵇⱼ "堆叠"按钮。

3）上、下极限偏差堆叠：输入"上极限偏差 ^ 下极限偏差"，选中输入对象，单击 ᵇⱼ "堆叠"按钮，结果如图 6-11 所示。

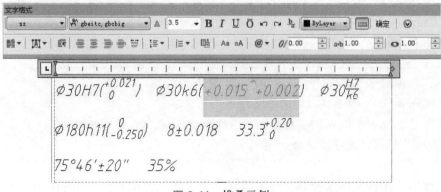

图 6-11　堆叠示例

任务二　标　注　尺　寸

一、工作任务

1）标注样板图形尺寸，如图 6-12 所示。创建标注样式，熟悉"标注"命令。

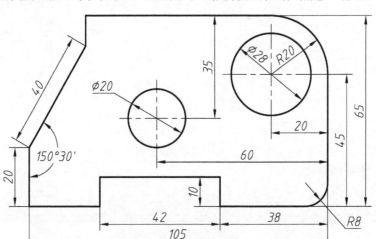

图 6-12　样板图形尺寸

2）标注项目四中图 4-12 和图 4-20~ 图 4-22 的尺寸。

二、知识准备

1. 创建与设置标注样式

在机械制图中，尺寸标注是一项重要的内容，AutoCAD 提供了完整的尺寸标注命令。但在进行尺寸标注之前，要根据制图标准和尺寸要素的格式与外观，设置标注样式。

【功能】创建和修改标注样式，从而控制尺寸要素的格式与外观。

【命令】菜单：格式（或标注）/ 标注样式。

　　　　工具栏：样式（或标注）→ 。

　　　　命令行：dimstyle。

【操作】输入命令后，系统弹出如图 6-13 所示的"标注样式管理器"对话框。

"标注样式管理器"对话框各选项功能说明如下：

1）当前标注样式：显示当前所使用的标注样式名称。

2）样式：列表框中列出了已创建的标注样式名称。当前样式以高亮显示，在列表框中右键单击样式名，弹出快捷菜单，可进行置为当前、重命名或删除等操作。

3）列出：确定在样式列表框中要列出的标注样式。可以通过下拉列表在"所有样式""正在使用的样式"之间选择。

4）预览：用于预览在样式框中选中的标注样式的标注效果。

5）置为当前：将指定的标注样式置为当前的标注样式。方法是：在"样式"列表中选择某种标注样式，单击"置为当前"按钮。

6）新建：创建新的标注样式。

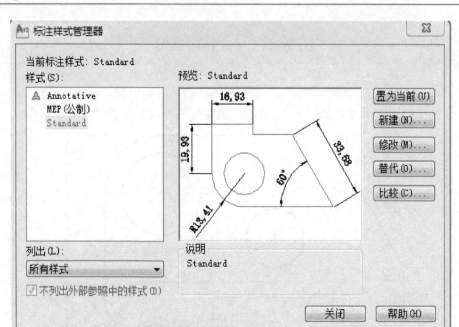

图 6-13 "标注样式管理器"对话框

7）修改：修改已有的标注样式。方法是在"样式"列表中选择要修改的标注样式，单击"修改"按钮，系统会弹出对话框，选择选项卡设置，与新建中的选项卡一样。

8）替代：设置当前标注样式的替代样式。单击"替代"按钮，系统会弹出对话框，选择选项卡设置，与新建、修改中的选项卡一样。用于设置标注样式难以控制的、少数个性化的尺寸，临时一次性标注，标注后删除"样式替代"。例如：

① 半剖视图的尺寸标注，隐藏半个尺寸线和尺寸界线。

② 小尺寸连续标注时，中间"箭头"改成"小点"。

③ 倾斜（左倾 30° 内）尺寸文字、水平引出标注。

④ 设置"公差"选项卡，标注尺寸公差。

单击"新建"按钮，弹出"创建新标注样式"对话框，如图 6-14 所示。各选项功能如下：

1）新样式名：输入新样式名称。

2）基础样式：在下拉列表框中选择一种基础样式，新建样式是在该基础样式的基础上做的修改。

3）用于：创建一种适用于特定标注类型的标注子样式。在下拉列表中选择标注样式的适用类型（所有标注、线性标注、角度标注、半径标注、直径标注、坐标标注、引线和公差等）。

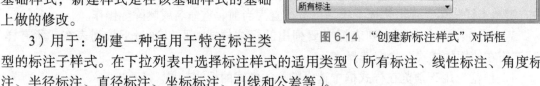
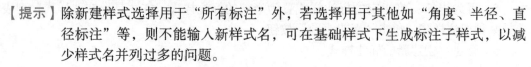

图 6-14 "创建新标注样式"对话框

【提示】除新建样式选择用于"所有标注"外，若选择用于其他如"角度、半径、直径标注"等，则不能输入新样式名，可在基础样式下生成标注子样式，以减少样式名并列过多的问题。

单击图 6-14 中的"继续"按钮，弹出如图 6-15 所示的"新建标注样式：样板尺寸"对话框。

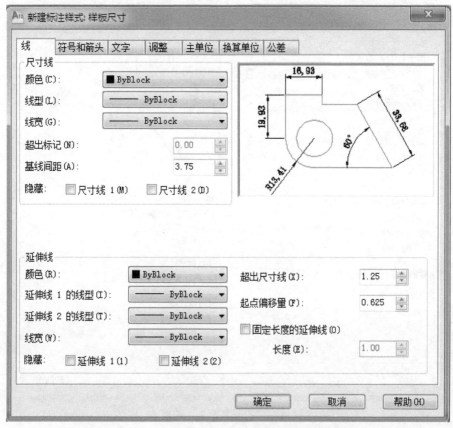

图 6-15 "新建标注样式：样板尺寸"对话框

在"新建标注样式：样板尺寸"对话框中，主要是对尺寸要素的尺寸线、尺寸界线、箭头、文字以及调整、主单位、换算单位、公差等内容进行设置，用户可根据需要分别选择其中的选项，下面分别介绍各选项功能。

（1）"线"选项卡

1）尺寸线

① 颜色、线型、线宽：选择"By Layer"。

② 基线间距：用于"基线"标注，即从同一起点标注的两尺寸线间的距离。通常设置为 7~10mm，一般是尺寸字高的两倍。

③ 隐藏：消隐半个尺寸线"尺寸线 1"或另半个尺寸线"尺寸线 2"。主要用于半剖视图的尺寸标注。

2）延伸线（尺寸界线）

① 颜色、线型、线宽：选择"By Layer"。

② 超出尺寸线：设置尺寸界线超出尺寸线的长度，制图标准规定为 2mm。

③ 起点偏移量：设置尺寸界线起点与图形轮廓标注点的距离，设为"0"。

④ 隐藏：消隐"延伸线 1"或"延伸线 2"。主要用于半剖视图的尺寸标注。

（2）"符号和箭头"选项卡（图 6-16）

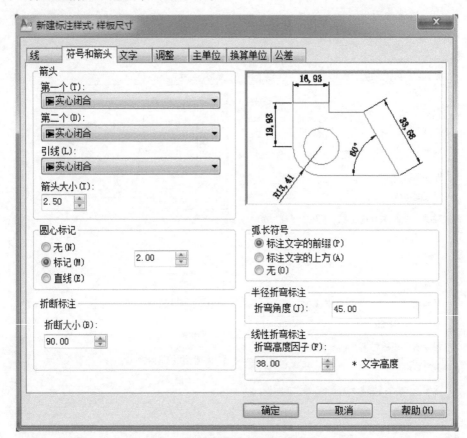

图 6-16 "符号和箭头"选项卡

1）箭头：选择"实心闭合"。

2）箭头大小：按图大小，与尺寸文字高度协调，一般为 2.5~6mm。

3）折断标注："折断大小"即为设置折断标注时，折断处的空间间距大小。

4）弧长符号：设置弧长符号的位置。

5）半径折弯标注：圆弧半径过大无法标出其圆心位置时，采用折弯标注。

6）线性折弯标注：线性尺寸某处像双折线似的折弯一次，机械制图一般不出现。

（3）"文字"选项卡（图 6-17）

1）文字外观

① 文字样式：通过下拉列表，选择用于标注尺寸的文字样式。若还未设置用于标注尺寸的文字样式，可以通过单击 ▦ 图标打开"文字样式"对话框，创建或修改文字样式。

② 文字颜色：通过下拉列表，选择尺寸文字的颜色，一般设为"By Layer"。

③ 填充颜色：设置尺寸中文字背景的颜色，机械制图一般默认为"无"。

④ 文字高度：设置尺寸文字的高度（即字号），如 2.5mm。

⑤ 分数高度比例：设置标注中的分数文字相对于基本尺寸文字的高度比例。只有当"主单位"选项中"单位格式"选中"分数"形式时，该文本框才有效。

⑥ 绘制文字边框：选中该复选框则表示给标注文字加边框。

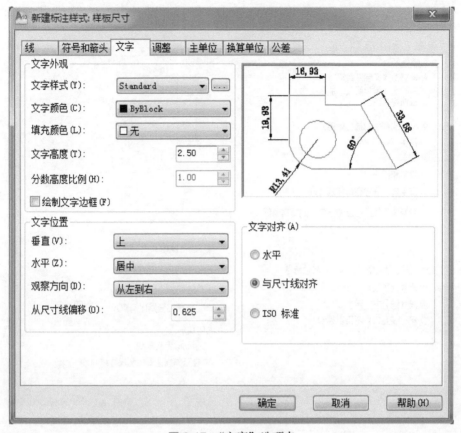

图 6-17 "文字"选项卡

2）文字位置。按照机械制图尺寸注法的规定，线性尺寸数字一般在尺寸线上方居中，角度尺寸在尺寸线中断处，直径、半径尺寸数字可沿尺寸线手动放置在尺寸线上方任意处。

① 垂直：该下拉列表控制尺寸文字相对于尺寸线在垂直方向的位置。线性尺寸一般选择"上"，角度尺寸一般选择"居中"，使其符合机械制图标准。

② 水平：该下拉列表控制尺寸文字沿着尺寸线方向的位置。有 5 种位置："居中""第一条延伸线""第二条延伸线""第一条延伸线上方""第二条延伸线上方"。延伸线即尺寸界线，一般选择"居中"。

③ 观察方向：控制标注文字的观察方向，默认为"从左到右"。

④ 从尺寸线偏移：设置尺寸文字底部与尺寸线之间的距离。一般设置为 0.5~2.0mm。

3）文字对齐

① 水平：设置尺寸文字水平放置。用于角度尺寸和引出文字水平放置的尺寸标注。

② 与尺寸线对齐：设置尺寸文字与尺寸线方向一致，即数字字头方向与尺寸线平行。用于线性尺寸标注，如水平、铅垂、倾斜、直径、半径尺寸。

③ ISO 标准：当文字在尺寸界线内时，文字与尺寸线对齐；当文字在尺寸界线外时，文字水平排列。可用于直径、半径和引出文字水平放置的尺寸标注。

（4）"调整"选项卡（图 6-18）

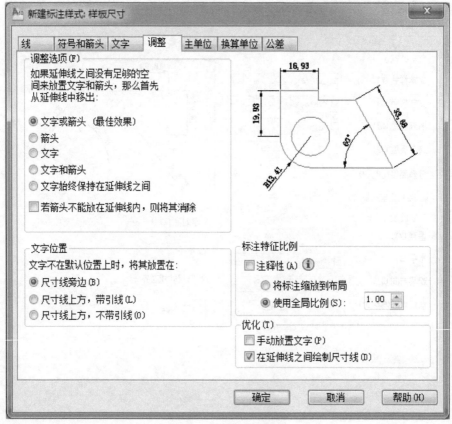

图 6-18 "调整"选项卡

1）调整选项。当尺寸界线之间没有足够的空间同时放置文字和箭头时，首先从尺寸界线之间移出文字和箭头的那一部分。

① 文字或箭头（最佳效果）：默认项，按照最佳效果将文字或箭头移动到尺寸界线外。

② 箭头：先将箭头移动到尺寸界线外，然后移动文字。

③ 文字：先将文字移动到尺寸界线外，然后移动箭头。

④ 文字和箭头：当尺寸界线间距离不足以放下文字和箭头时，文字和箭头都移到尺寸界线外。

尺寸标注中，一般选择以上四项之一便可，若直径、半径尺寸选择"文字或箭头（最佳效果）"，当文字放置在尺寸界线内时，会出现尺寸线不全的现象。

2）文字位置。文字不在默认位置时，可将其放在如下位置：

① 尺寸线旁边：如线性小尺寸。

② 尺寸线上方，带引线：如小尺寸和倾斜（30°内）尺寸引出标注，小角度尺寸引出标注。

③ 尺寸线上方，不带引线：如角度尺寸文字不在尺寸线中断处。

3）标注特征比例。设置全局标注比例值或图纸空间比例。

① 注释性：指定标注为注释性。

② 将标注缩放到布局：根据当前模型空间视口与图纸空间之间的比例确定比例因子。

③使用全局比例：为所有标注样式设置一个比例，这些设置指定了大小、距离或间距，包括文字和箭头大小。该缩放比例并不更改标注的测量值。

4）优化

①手动放置文字：允许文字位置沿尺寸线自行指定，而不强制"居中"，适合直径、半径尺寸。

②在尺寸界线之间绘制尺寸线：尺寸箭头在尺寸界线外时，控制两尺寸界线间是否画线。一般要勾选该选项。

（5）"主单位"选项卡（图6-19）

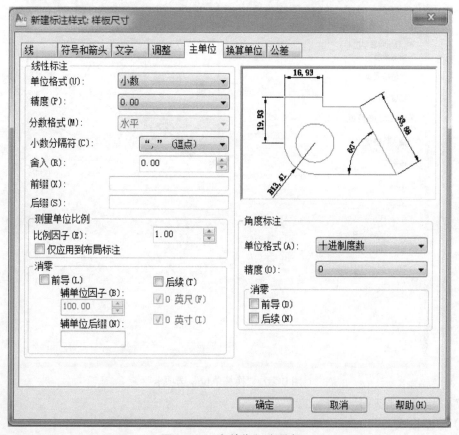

图6-19　"主单位"选项卡

1）线性标注

①单位格式：用于设置所注线性尺寸单位。机械制图选择"小数"，即十进制。

②精度：用于设置所注线性尺寸数字中小数点后保留的位数。

③小数分隔符：十进制单位中小数分隔符的形式，即小数点"."。

④舍入：确定除角度标注外的尺寸测量值的舍入值。

⑤前缀、后缀：确定标注尺寸文字的前缀或后缀。一般不设置，个别带前、后缀的在标注中输入即可。

2）测量单位比例

①比例因子：设置线性标注测量值的比例因子。即实际标注值与测量值之比，按绘图

比例反向设置。

② 仅应用到布局标注：仅将比例因子应用于布局视口中创建的标注。

3）消零。公称尺寸小数点前（即前导）不消零，其小数点后末位（即后续）消零。

4）角度标注。"单位格式"下拉列表中有"十进制度数""度/分/秒"可供选择，应根据角度尺寸对应选择和设置"精度"位数。角度公称尺寸前导不消零，后续要消零。

（6）"换算单位"选项卡（图6-20） 当选中"显示换算单位"复选框时，其余对话框才可用。用于设置换算单位的格式。

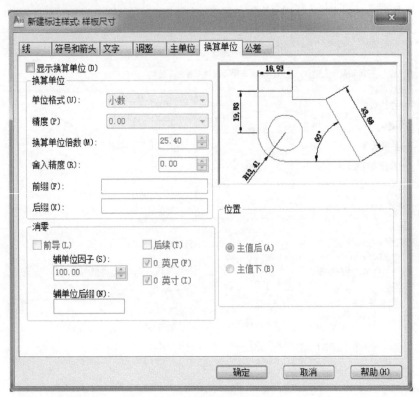

图 6-20 "换算单位"选项卡

（7）"公差"选项卡（图6-21）

1）公差格式

① 方式：选择相应的公差标注方式。该下拉列表包括"无""对称""极限偏差""极限尺寸"和"基本尺寸"等。若是上、下极限偏差（本软件用上、下偏差，GB/T 1800.1—2009 称为上、下极限偏差），则选择"极限偏差"，对称公差选择"对称"。

② 精度：用于指定公差值小数点后保留的位数。除"0"偏差外，一般保留 3 位。

③ 上偏差：用于输入上极限偏差值。默认状态是正值，若是负值应在数字前输入"－"号。

④ 下偏差：用于输入下极限偏差值。默认状态是负值，若是正值应在数字前输入"－"号。

⑤ 高度比例：用于设定尺寸公差数字的高度。该高度是由尺寸公差数字字高与公称尺寸数字高度的比值来确定的。一般为"0.7"，即偏差字高比公称尺寸字高小一号。

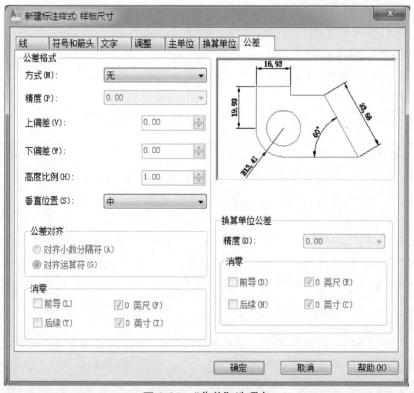

图 6-21 "公差"选项卡

⑥垂直位置。用于控制尺寸公差相对于公称尺寸的上下位置，包括"下、中、上"三个位置。

2）公差对齐。设置上、下极限偏差堆叠对齐的方式。"对齐小数分隔符"即通过值的小数分隔符堆叠值，"对齐运算符"即通过值的运算符堆叠值。

3）消零。偏差小数点前（即前导）一般不消零，其小数点后末位（即后续）尽量不消零，保留三位小数，但0偏差小数点后不带0，应消零。

设置完成以上选项卡内容，单击"确定"按钮，返回"标注样式管理器"对话框，新建的标注样式显示在预览区。用户如果对新建的标注样式不满意，可单击"修改"按钮，重新进行设置。

【提示】标注样式中不设置"公差"选项内容，标注含有偏差的尺寸时，使用尺寸标注样式中的"替代"选项进行"公差"选项卡内容设置，标注尺寸公差。通常在标注命令中选"多行文字（M）"选项，弹出多行文字对话框，输入上、下极限偏差并堆叠。

2."标注"命令

AutoCAD 提供了强大的图形尺寸标注功能，标注工具栏如图 6-22 所示。

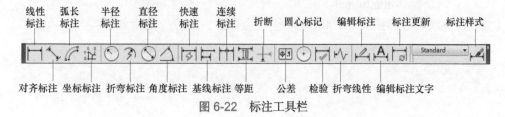

图 6-22 标注工具栏

（1）线性标注

【功能】标注水平或铅垂尺寸。

【命令】菜单：标注 / 线性。

工具栏：标注→⊓。

命令行：dimlinear。

【操作】以图 6-12 所示图形为例。输入命令后，命令行提示如下：

命令：_dimlinear

指定第一条延伸线原点或 <选择对象>:（指定第一条尺寸界线原点）

指定第二条延伸线原点:（指定第二条尺寸界线原点）

指定尺寸线位置或

[多行文字（M）/文字（T）/角度（A）/水平（H）/垂直（V）/旋转（R）]:（用鼠标指定尺寸线位置，或对象捕捉、对象追踪输入距离）

标注文字 = 105 （系统自动提示所标注的数值）

【说明】

1）多行文字（M）：利用多行文字编辑标注文字。选择该选项会弹出如图 6-23 所示的多行文字编辑器，可以插入前、后缀符号，输入公差带代号和偏差，并设置文字。

图 6-23　多行文字编辑器（一）

2）文字（T）：利用单行文字编辑标注文字。

3）角度（A）：修改标注文字的角度。

4）水平（H）：创建水平线性标注（直接拖动标注水平尺寸即可）。

5）垂直（V）：创建垂直线性标注（直接拖动标注垂直尺寸即可）。

6）旋转（R）：创建旋转线性标注。指定尺寸线的旋转角度，可以标注倾斜的线性尺寸。

（2）对齐标注

【功能】创建与指定位置或对象（如线段）平行的标注。

【命令】菜单：标注 / 对齐。

工具栏：标注→↘。

命令行：dimaligned。

【操作】如图 6-12 中的尺寸 40mm。输入命令后，命令行提示如下：

命令：_dimaligned

指定第一条延伸线原点或 <选择对象>:（指定第一条尺寸界线原点）

指定第二条延伸线原点：（指定第二条尺寸界线原点）

指定尺寸线位置或

[多行文字（M）/文字（T）/角度（A）]：（用鼠标指定尺寸线位置，或对象捕捉、对象追踪输入距离）

标注文字 = 40 （系统自动提示所标注的数值）

【说明】

1）多行文字（M）：用多行文字编辑标注文字，可在多行文字编辑器中修改文字。

2）文字（T）：用单行文字编辑标注文字。在命令提示下输入文字，然后按〈Enter〉键。

3）角度（A）：修改标注文字的角度。

（3）基线标注

【功能】基线标注是自同一基线处测量的多个标注，可标注具有同一起点（相同的第一条尺寸界线）的若干个相互平行的尺寸。

【命令】菜单：标注/基线。

工具栏：标注→ ⊟ 。

命令行：dimbaseline。

【操作】如图 6-12 中的尺寸 38mm、105mm 与 45mm、65mm。输入命令后，命令行提示如下：（以图 6-12 所示的尺寸 45mm、65mm 为例）

命令：_dimlinear （线性）

指定第一条延伸线原点或 <选择对象>：（对象捕捉尺寸45mm的第一条尺寸界线原点）

指定第二条延伸线原点：（对象捕捉尺寸45mm的第二条尺寸界线原点）

指定尺寸线位置或 [多行文字（M）/文字（T）/角度（A）/水平（H）/垂直（V）/旋转（R）]：（指定尺寸线位置）

标注文字 = 45 （系统自动提示所标注的数值）

命令：

命令：_dimbaseline （基线）

指定第二条延伸线原点或 [放弃（U）/选择（S）] <选择>：（对象捕捉尺寸65mm的第二条尺寸界线原点）

标注文字 = 65 （系统自动提示所标注的数值）

指定第二条延伸线原点或 [放弃（U）/选择（S）] <选择>：（按〈Enter〉键）

若前后尺寸标注命令未连续进行，则命令行提示如下。

命令：_dimbaseline

指定第二条延伸线原点或 [放弃（U）/选择（S）] <选择>：（按〈Enter〉键）

选择基准标注：（单击尺寸45mm的第一条尺寸界线）

指定第二条延伸线原点或 [放弃（U）/选择（S）] <选择>：（对象捕捉尺寸65mm的第

二条尺寸界线原点）

　　　标注文字 = 65 （系统自动提示所标注的数值）

　　指定第二条延伸线原点或 [放弃（U）/ 选择（S）] < 选择 > :（按〈Enter〉键）

【说明】

1）在创建基线标注之前，必须创建线性、对齐或角度标注。

2）相邻尺寸线之间的距离是由标注样式中的"基线距离"决定的。

（4）连续标注

【功能】标注首尾相连的多个连续尺寸。

【命令】菜单：标注 / 连续。

　　　　　工具栏：标注→ ⊞。

　　　　　命令行：dimcontinue。

【操作】如图 6-12 中的尺寸 42mm、38mm。输入命令后，命令行提示如下：（以图 6-12 所示的尺寸 42mm、38mm 为例）

　　命令：_dimlinear （线性）

　　指定第一条延伸线原点或 < 选择对象 > :（对象捕捉尺寸38mm的第一条尺寸界线原点）

　　指定第二条延伸线原点：（对象捕捉尺寸38mm的第二条尺寸界线原点）

　　指定尺寸线位置或

　　[多行文字（M）/ 文字（T）/ 角度（A）/ 水平（H）/ 垂直（V）/ 旋转（R）] :（指定尺寸线位置）

　　标注文字 = 38 （系统自动提示所标注的数值）

　　命令：

　　命令：_dimcontinue （连续）

　　指定第二条延伸线原点或 [放弃（U）/ 选择（S）] < 选择 > :（对象捕捉尺寸42mm的第二条尺寸界线原点）

　　标注文字 = 42 （系统自动提示所标注的数值）

　　指定第二条延伸线原点或 [放弃（U）/ 选择（S）] < 选择 > :（按〈Enter〉键）

若前后尺寸标注命令未连续进行，则命令行提示如下。

　　命令：_dimcontinue

　　选择连续标注：（单击尺寸38mm的第二条尺寸界线）

　　指定第二条延伸线原点或 [放弃（U）/ 选择（S）] < 选择 > :（对象捕捉尺寸42mm的第二条尺寸界线原点）

　　标注文字 = 42 （系统自动提示所标注的数值）

　　指定第二条延伸线原点或 [放弃（U）/ 选择（S）] < 选择 > :（按〈Enter〉键）

【说明】在创建连续标注之前，必须创建线性、对齐或角度标注，以确定连续标注所需要的前一尺寸界线。

（5）半径标注

【功能】为圆弧创建半径标注。标注时系统自动生成半径符号"R"。

【命令】菜单：标注 / 半径。

工具栏：标注→ 🕐 。

命令行：dimradius。

【操作】如图 6-12 中的尺寸 $R8mm$、$R20mm$。输入命令后，命令行提示如下：

命令：_dimradius
选择圆弧或圆：（单击圆弧）
标注文字 = 8 （系统自动提示所标注的数值）
指定尺寸线位置或 [多行文字（M）/文字（T）/角度（A）]：（指定尺寸线位置）

【说明】

1）多行文字（M）：用多行文字编辑标注文字。在多行文字编辑器中修改文字。

2）文字（T）：用单行文字编辑标注文字。在命令提示下输入文字，然后按〈Enter〉键。

3）角度（A）：修改标注文字的角度。

（6）折弯标注　当圆弧半径大而中心位于布局之外，且无法在其实际位置显示时，可创建折弯标注。可以在更方便的位置指定标注的原点，以替代圆弧的中心。

【功能】用折弯半径尺寸线标注圆弧的半径。

【命令】菜单：标注 / 折弯。

工具栏：标注→ 🗲 。

命令行：dimjogged。

【操作】输入命令后，命令行提示如下：

命令：_dimjogged
选择圆弧或圆：（单击圆弧）
指定图示中心位置：（指定一个代替圆弧圆心的位置点）
标注文字 = 110（系统自动提示所标注的数值）
指定尺寸线位置或 [多行文字（M）/文字（T）/角度（A）]：（指定尺寸线位置）
指定折弯位置：（指定半径尺寸线折弯位置）

【说明】

1）多行文字（M）：用多行文字编辑标注文字。在多行文字编辑器中修改文字。

2）文字（T）：用单行文字编辑标注文字。在命令提示下输入文字，然后按〈Enter〉键。

3）角度（A）：修改标注文字的角度。

（7）直径标注

【功能】为圆或圆弧创建直径标注。标注时，系统自动生成直径符号"φ"。

【命令】菜单：标注 / 直径。

工具栏：标注→◇。

命令行：dimdiameter。

【操作】如图 6-12 中的尺寸 φ20mm、φ28mm。输入命令后，命令行提示如下：

命令：_dimdiameter

选择圆弧或圆：（单击圆）

标注文字 = 20 （系统自动提示所标注的数值）

指定尺寸线位置或 [多行文字（M）/文字（T）/角度（A）]：（指定尺寸线位置）

【说明】

1）多行文字（M）：用多行文字编辑标注文字。在多行文字编辑器中修改文字。

2）文字（T）：用单行文字编辑标注文字。在命令提示下输入文字，然后按〈Enter〉键。

3）角度（A）：修改标注文字的角度。

（8）角度标注

【功能】标注角度尺寸。可以测量标注圆和圆弧的角度、两条直线间的角度或三点间的角度。

【命令】菜单：标注 / 角度。

工具栏：标注→△。

命令行：dimangular。

【操作】如图 6-12 中的尺寸 150°30′。输入命令后，命令行提示如下：

命令：_dimangular

选择圆弧、圆、直线或 <指定顶点>：（选择直线）

选择第二条直线：（选择直线）

指定标注弧线位置或 [多行文字（M）/文字（T）/角度（A）/象限点（Q）]：（指定标注位置）

标注文字 = 150d30′ （系统自动提示所标注的数值）

标注 45° 圆弧角度，命令行提示如下：

命令：_dimangular

选择圆弧、圆、直线或 <指定顶点>：（选择圆弧）

指定标注弧线位置或 [多行文字（M）/文字（T）/角度（A）/象限点（Q）]：（指定标注位置）

标注文字 = 45 （系统自动提示所标注的数值）

（9）弧长标注

【功能】标注圆弧或多段线圆弧部分的弧长。

【命令】菜单：标注 / 弧长。

工具栏：标注→⌒。

命令行：dimarc。

【操作】输入命令后，命令行提示如下：

命令：_dimarc

选择弧线段或多段线圆弧段：（选择圆弧段）

指定弧长标注位置或 [多行文字（M）/文字（T）/角度（A）/部分（P）/]：（指定尺寸线位置）

标注文字 = 88.15 （系统自动提示所标注的数值）

（10）坐标标注

【功能】标注相对于坐标原点的特征点 X 和 Y 坐标。

【命令】菜单：标注 / 坐标。

工具栏：标注→⊩。

命令行：dimordinate。

【操作】输入命令后，命令行提示如下：

命令：_dimordinate

指定点坐标：（对象捕捉指定点）

指定引线端点或 [X 基准（X）/Y 基准（Y）/多行文字（M）/文字（T）/角度（A）]：（指定引线端点）

标注文字 = 104.39

【说明】

1）若直接指定引线终点，将按测量坐标值标注引线起点的 X 或 Y 坐标。

2）若需改变坐标值，可选"M"或"T"选项，给出新坐标值，再指定引线终点即完成标注。

3）用户可通过"UCS"命令改变坐标系的原点位置，在图形中创建一个用户坐标原点。

（11）快速标注

【功能】创建系列基线或连续标注，或者为一系列圆或圆弧创建标注。

【命令】菜单：标注 / 快速标注。

工具栏：标注→⊠。

命令行：qdim。

【操作】输入命令后，命令行提示如下：

命令：_qdim

关联标注优先级 = 端点

选择要标注的几何图形：(选择对象) 找到1个

选择要标注的几何图形：(选择对象) 找到1个，总计2个

选择要标注的几何图形：(选择对象，也可一次窗选) 找到1个，总计 3 个

选择要标注的几何图形：(按〈Enter〉键)

指定尺寸线位置或 [连续 (C) /并列 (S) /基线 (B) /坐标 (O) /半径 (R) /直径 (D) /基准点 (P) /编辑 (E) /设置 (T)] <连续>：(指定尺寸线位置，创建连续标注。输入选项，创建所需标注)

指定尺寸线位置或 [连续 (C) /并列 (S) /基线 (B) /坐标 (O) /半径 (R) /直径 (D) /基准点 (P) /编辑 (E) /设置 (T)] <半径>：(指定尺寸线位置)

3. 编辑尺寸

（1）编辑标注

【功能】编辑标注的文字和尺寸界线，可以修改现有标注文字的位置和方向，或者替换为新文字，更改尺寸界线的倾斜角。

【命令】工具栏：标注→ 。

命令行：dimedit。

【操作】输入命令后，命令行提示如下：

命令：_dimedit

输入标注编辑类型 [默认 (H) /新建 (N) /旋转 (R) /倾斜 (O)] <默认>：n （系统弹出图6-24所示的多行文字编辑器，对话框中的 "0" 代表要修改尺寸的默认文字，新建、插入文字，单击 "确定" 按钮）

选择对象：(选择要修改的尺寸)

图 6-24 多行文字编辑器（二）

【说明】

1）默认 (H)：将尺寸文字移回默认位置。

2）新建 (N)：新建尺寸文字。在多行文字编辑器中输入新的文字。

3）旋转 (R)：旋转标注文字。此选项与 "角度 (A)" 选项类似。

4）倾斜 (O)：调整尺寸界线与尺寸线的倾斜角度。

（2）编辑标注文字

【功能】移动和旋转标注的文字并重新定位尺寸线位置。

【命令】菜单：标注 / 对齐文字。

工具栏：标注→

命令行：dimtedit。

【操作】输入命令后，命令行提示如下：

命令：_dimtedit

选择标注：（选择尺寸）

为标注文字指定新位置或 [左对齐（L）/右对齐（R）/居中（C）/默认（H）/角度（A）]：（可选项进行编辑，或者动态指定文字和尺寸线位置）

【说明】

1）左对齐（L）：将尺寸文字移到尺寸线左端位置。

2）右对齐（R）：将尺寸文字移到尺寸线右端位置。

3）居中（C）：将尺寸文字移到尺寸线居中位置。

4）默认（H）：将尺寸文字移回默认位置，即编辑前的位置。

5）角度（A）：修改标注文字的角度。

（3）文字编辑

【功能】修改文字内容、格式和特性。

【命令】菜单：修改 / 对象 / 文字 / 编辑。

命令行：ddedit。

【操作】输入命令后，命令行提示如下：

命令：_ddedit

选择注释对象或 [放弃（U）]：（选择尺寸，弹出多行文字编辑器，并出现标注的文字，如图6-25所示，编辑尺寸文字，单击"确定"按钮）

图 6-25 多行文字编辑器（三）

【提示】可以修改尺寸文字，插入直径及前、后缀符号，输入公差带代号和极限偏差。

（4）特性

【功能】列出了选定对象特性的当前设置，可以通过指定新值修改对象的属性值。

【命令】菜单：修改 / 特性。

工具栏：标准→ 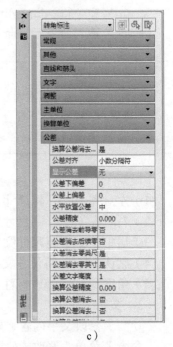 。

快捷菜单：选中对象，单击鼠标右键，然后单击"特性"。

命令行：properties。

【操作】执行命令并选择尺寸后，系统弹出如图 6-26 所示的"特性"选项板。

图 6-26 "特性"选项板

标注样式中各选项设置内容在"特性"选项板中显示，可以全方位地修改尺寸。

1）常规：包含颜色、图层、线型、线宽等基本属性。

2）其他：包括标注样式、注释性。

3）直线和箭头：包含标注样式中尺寸线、尺寸界线和箭头的属性值，如图 6-26a 所示。左键单击右侧的编辑栏，可以选择、修改属性值。例如隐藏尺寸线、尺寸界线，将箭头改为"小点"或"无"。

4）文字：包含标注样式中文字的属性，如图 6-26b 所示。可以修改文字内容、文字高度、文字位置等属性值。

5）公差：包含标注样式中的公差选项，如图 6-26c 所示。可以选择、设置公差。

6）"调整""主单位""换算单位"如同标注样式中的选项内容。按〈Esc〉键结束。

【提示】

1）可以设置"尺寸线 1"或"尺寸线 2""延伸线 1"或"延伸线 2"属性为"关"，编辑尺寸标注。

2）小尺寸连续标注时，可将箭头改成"小点"。

3）通过"文字"选项中"文字界外对齐"和"调整"选项中"文字移动"的设置，可以实现倾斜（左倾 30° 内）尺寸和小尺寸引出标注。

4）也可用"文字替代"标注的文字，或设置"公差"选项，标注尺寸公差。

（5）标注间距

【功能】调整线性标注、角度标注平行尺寸线之间的距离，以使其间距相等或相互对齐。

【命令】菜单：标注/标注间距。

工具栏：标注→⫿⫿⫿。

命令行：dimspace。

【操作】输入命令后，命令行提示如下：

命令：_dimspace

选择基准标注：（选择一个尺寸作为基准）

选择要产生间距的标注：（选择要产生间距的尺寸）找到1个

选择要产生间距的标注：（选择要产生间距的尺寸）找到1个，总计2个

选择要产生间距的标注：（按〈Enter〉键）

输入值或[自动（A）]<自动>：（输入间距值）

【说明】

1）自动（A）：基于在选定基准标注的标注样式中指定的文字高度的两倍。

2）可以通过使用间距值"0"使一系列线性标注或角度标注的尺寸线齐平。

3）标注间距仅适用于平行的线性标注或共用一个顶点的角度标注。

（6）折断标注

【功能】在标注的尺寸与其他对象（尺寸、图线）的相交处折断或恢复折断之前的标注。

【命令】菜单：标注/折断标注。

工具栏：标注→╪。

命令行：dimbreak。

【操作】以图6-27所示图形为例。输入命令后，命令行提示如下：

命令：_dimbreak

选择要添加/删除折断的标注或[多个（M）]：（选择要折断的尺寸）

选择要折断标注的对象或[自动（A）/手动（M）/删除（R）]<自动>：（选择折断标注的对象）

选择要折断标注的对象：（按〈Enter〉键）

1个对象已修改

【说明】

1）自动（A）：默认选项，即按标注样式中"折断大小"设置值进行折断标注。

2）手动（M）：用户可以通过拾取标注（线）上的两点来放置折断的大小和位置。

3）删除（R）：从选定的标注中删除折断，恢复折断之前的标注。

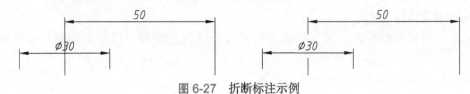

图 6-27　折断标注示例

三、任务实施

1. 标注图 6-12 中尺寸

1）设置绘图环境，启用绘图辅助工具。

2）创建图层，绘制图形，将"尺寸"图层置为当前。

3）新建文字样式。新建两个文字样式，一个用于注写汉字的仿宋体，另一个用于标注尺寸的西文字体。

4）新建标注样式。新建四个尺寸标注样式：直线尺寸（基本样式）、半径尺寸、直径尺寸和角度尺寸。

① 直线尺寸。单击"格式/标注样式"，单击"新建"按钮，输入样式名"样板尺寸"，如图 6-28 所示。单击"继续"按钮，在对话框中设置如下选项卡：

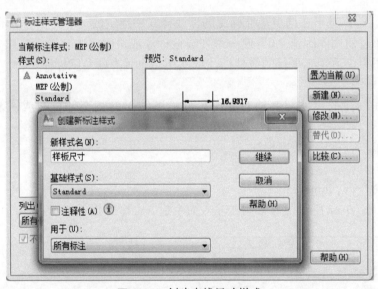

图 6-28　创建直线尺寸样式

a."线"选项卡："基线间距"设为"7"，"颜色、线型、线宽"均为"ByLayer"，"超出尺寸线"为"2"，"起点偏移量"为"0"，如图 6-29 所示。

b."符号和箭头"选项卡：箭头"实心闭合"，"箭头大小"设为"3"，其余设置如图 6-30 所示。

c."文字"选项卡："文字样式"选择"sz"，即预先设置好的西文斜体。若未设置，单击右侧按钮，进入"文字样式"对话框，新建文字样式。"文字高度"设为"3.5"，"从尺寸线偏移"设为"1"，"文字位置""文字对齐"设置如图 6-31 所示。

d."调整"选项卡："调整选项"按默认"文字或箭头（最佳效果）"，"文字位置""标注特征比例"按默认设置。勾选"在延伸线之间绘制尺寸线"复选框，如图 6-32 所示。

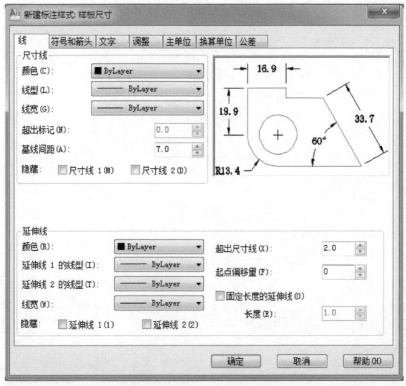

图 6-29 直线尺寸"线"选项卡

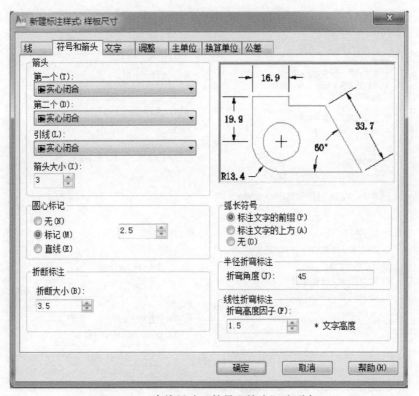

图 6-30 直线尺寸"符号和箭头"选项卡

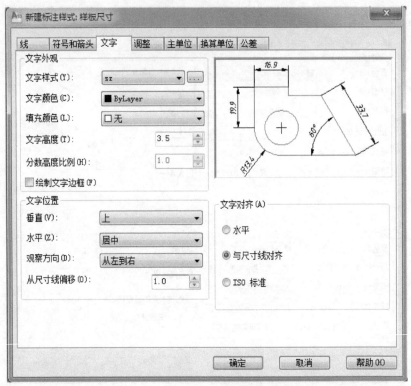

图 6-31　直线尺寸"文字"选项卡

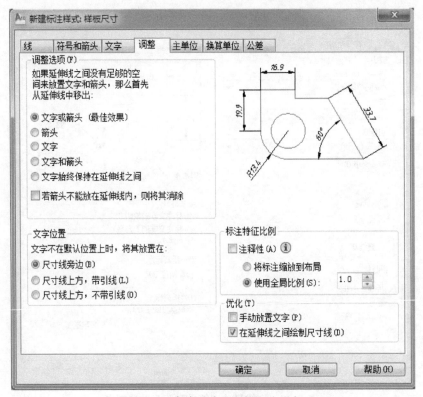

图 6-32　直线尺寸"调整"选项卡

e. "主单位"选项卡："单位格式"选"小数"，若公称尺寸为整数，"精度"设为"0"，"小数分隔符"设为"句点"，"比例因子"设为1。角度标注中"单位格式"选为"度/分/秒"，"精度"设为"0d00′"，"消零"设置为"后续"，如图6-33所示。

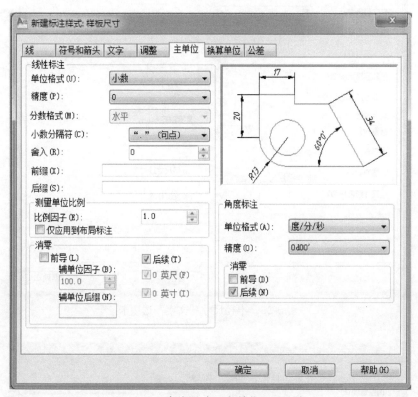

图6-33 直线尺寸"主单位"选项卡

f. 单击"确定"按钮，完成直线尺寸样式设置。"换算单位"和"公差"选项卡不设置，保持默认状态。

② 半径尺寸。单击"新建"按钮，基础样式是"样板尺寸"，选择用于"半径标注"，如图6-34所示，单击"继续"按钮，设置"文字"和"调整"选项卡。

a. "文字"选项卡："文字对齐"可选"与尺寸线对齐"或"ISO标准"，此处选择后者，如图6-35所示。

b. "调整"选项卡：可选"箭

图6-34 创建半径尺寸样式

头""文字"或"箭头和文字"，若选择"文字或箭头（最佳效果）"，则出现尺寸线不到圆心的现象。注意"优化"中勾选"手动放置文字"复选框，如图6-36所示。

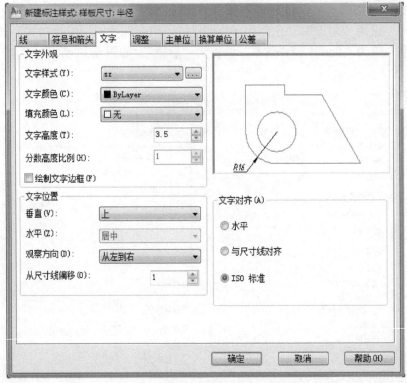

图 6-35 半径尺寸"文字"选项卡

图 6-36 半径尺寸"调整"选项卡

③ 直径尺寸。单击"新建"按钮，基础样式是"样板尺寸"，选择用于"直径标注"，单击"继续"按钮，设置"文字"和"调整"选项卡。

a."文字"选项卡："文字对齐"可选"与尺寸线对齐"或"ISO 标准"，此处选择后者，如图 6-37 所示。

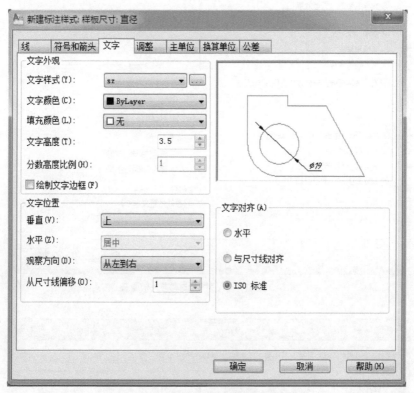

图 6-37 直径尺寸"文字"选项卡

b."调整"选项卡：可选"箭头"、"文字"或"文字和箭头"，此处选择"文字"。"优化"中勾选"手动放置文字"和"在延伸线之间绘制尺寸线"复选框，如图 6-38 所示。

④ 角度尺寸。单击"新建"按钮，基础样式是"样板尺寸"，选择用于"角度标注"，单击"继续"按钮，设置"文字"和"调整"选项卡，分别如图 6-39、图 6-40 所示。

a."文字"选项卡："文字位置"设置"垂直"—"居中"，"文字对齐"选择"水平"。

b."调整"选项卡："文字位置"选择"尺寸线上方，不带引线"。

单击"确定"按钮，完成尺寸标注样式设置，并将"样板尺寸"置为当前，如图 6-41 所示。

5）标注尺寸。将组合体（零件）分解成若干基本体，一般由外到内、由大到小分别标注每一个基本体的定形尺寸和定位尺寸，最后考虑总体尺寸（此处因说明"基线"标注，故先标注内基本体）。

图 6-38 直径尺寸"调整"选项卡

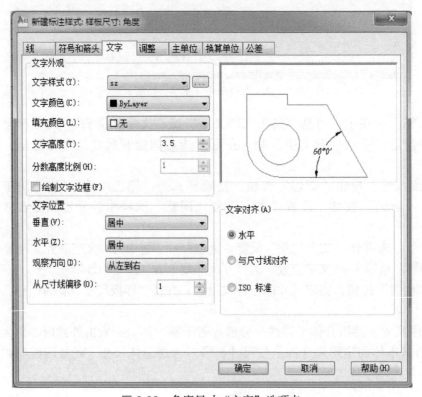

图 6-39 角度尺寸"文字"选项卡

图 6-40 角度尺寸"调整"选项卡

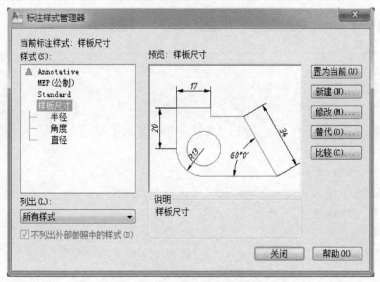

图 6-41 样板尺寸标注样式

① 标注凹槽尺寸 38mm、42mm、10mm，命令行提示如下：

命令：_dimlinear （线性）

指定第一条延伸线原点或 <选择对象>：（对象捕捉点）

指定第二条延伸线原点：（对象捕捉点）

指定尺寸线位置或

[多行文字（M）/文字（T）/角度（A）/水平（H）/垂直（V）/旋转（R）]：7（对象捕捉、对象追踪，与轮廓线距离）

标注文字 = 38

命令：

命令：_dimcontinue （连续）

指定第二条延伸线原点或 [放弃（U）/选择（S）] <选择>：（对象捕捉点）

标注文字 = 42

指定第二条延伸线原点或 [放弃（U）/选择（S）] <选择>：（按〈Enter〉键确认）

选择连续标注：（按〈Enter〉键）

命令：

命令：_dimlinear （线性）

指定第一条延伸线原点或 <选择对象>：（对象捕捉点）

指定第二条延伸线原点：（对象捕捉点）

指定尺寸线位置或

[多行文字（M）/文字（T）/角度（A）/水平（H）/垂直（V）/旋转（R）]：（指定尺寸线位置）

标注文字 = 10

② 标注圆尺寸 ϕ28mm、20mm、45mm，命令行提示如下：

命令：_dimdiameter （直径）

选择圆弧或圆：（选择圆）

标注文字 = 28

指定尺寸线位置或 [多行文字（M）/文字（T）/角度（A）]：（指定尺寸线位置）

命令：

命令：_dimlinear （线性）

指定第一条延伸线原点或 <选择对象>：（对象捕捉点）

指定第二条延伸线原点：（对象捕捉点）

指定尺寸线位置或

[多行文字（M）/文字（T）/角度（A）/水平（H）/垂直（V）/旋转（R）]：（指定尺寸线位置）

标注文字 = 20

命令：

命令：_dimlinear （线性）

指定第一条延伸线原点或 <选择对象>：（对象捕捉点）

指定第二条延伸线原点：（对象捕捉点）

指定尺寸线位置或

[多行文字（M）/文字（T）/角度（A）/水平（H）/垂直（V）/旋转（R）]：7（对象捕捉、对象追踪，与轮廓线距离）

标注文字 = 45

③ 同样方法标注 ϕ20mm、60mm、35mm。

④ 标注外形直线尺寸 105mm、65mm、20mm、40mm，命令行提示如下：

命令：_dimbaseline （基线）

选择基准标注：选择基准尺寸界线（尺寸38mm右尺寸界线）

指定第二条延伸线原点或 [放弃（U）/选择（S）] <选择>：（对象捕捉点）

标注文字 = 105

指定第二条延伸线原点或 [放弃（U）/选择（S）] <选择>：（按〈Enter〉键）

选择基准标注：选择基准尺寸界线（尺寸45mm下尺寸界线）

指定第二条延伸线原点或 [放弃（U）/选择（S）] <选择>：（对象捕捉点）

标注文字 = 65

指定第二条延伸线原点或 [放弃（U）/选择（S）] <选择>：（按〈Enter〉键确认）

选择基准标注：（按〈Enter〉键）

命令：

命令：_dimlinear （线性）

指定第一条延伸线原点或 <选择对象>：（对象捕捉点）

指定第二条延伸线原点：（对象捕捉点）

指定尺寸线位置或

[多行文字（M）/文字（T）/角度（A）/水平（H）/垂直（V）/旋转（R）]：7（对象捕捉、对象追踪，与轮廓线距离）

标注文字 = 20

命令：

命令：_dimaligned （对齐）

指定第一条延伸线原点或 <选择对象>：（对象捕捉点）

指定第二条延伸线原点：（对象捕捉点）

指定尺寸线位置或

[多行文字（M）/文字（T）/角度（A）]：7（对象捕捉、对象追踪，与轮廓线距离）

标注文字 = 40

⑤ 标注外形半径和角度尺寸 R8mm、（R20mm）、150° 30′，命令行提示如下：

命令：_dimradius（半径）

选择圆弧或圆：（选择圆弧）

标注文字 = 8

指定尺寸线位置或 [多行文字（M）/文字（T）/角度（A）]：（指定尺寸线位置）

命令：

命令：_dimradius（半径）

选择圆弧或圆：（选择圆弧）

标注文字 = 20

指定尺寸线位置或 [多行文字（M）/文字（T）/角度（A）]：（指定尺寸线位置）

命令：

命令：_dimangular（角度）

选择圆弧、圆、直线或 <指定顶点>：（选择直线）

选择第二条直线：（选择直线）

指定标注弧线位置或 [多行文字（M）/文字（T）/角度（A）/象限点（Q）]：（指定标注弧线位置）

标注文字 = 150d30'

【提示】

1）应检查尺寸是否完整，尺寸数字是否被图线穿过。

2）字高、箭头大小可通过修改标注样式调整。

3）平行尺寸线间距可通过"标注 / 标注间距"或标注工具栏 ⬚ "等距标注"命令设置。

4）两个尺寸的"线"互交或穿过数字时，可通过"标注 / 标注折断"或标注工具栏 ⬚ "折断标注"命令，折断尺寸界线或尺寸线。

2. 标注项目四图 4-12 和图 4-20~ 图 4-22 中的尺寸

下面就图 4-12 中的尺寸公差标注以及尺寸线、尺寸界线隐藏问题，结合前面介绍过的命令，总结、归纳如下：

（1）尺寸公差标注

1）方法一：在执行"标注"命令中选择"多行文字（M）"或执行"标注"命令后，单击"修改 / 对象 / 文字 / 编辑"命令，弹出如图 6-23 所示的多行文字编辑器，输入极限偏差并堆叠。

2）方法二：执行"编辑标注"命令，单击标注工具栏 ⬚ 按钮，输入"N"后按 〈Enter〉键，弹出如图 6-24 所示的多行文字编辑器，输入极限偏差并堆叠。

3）方法三：在标注样式管理器中单击"替代"按钮，在替代样式中设置公差，标注尺寸。

4）方法四：用"特性"命令修改对象。选择尺寸，单击菜单"修改 / 特性"或标准工具栏 ⬚ 按钮，弹出如图 6-26 所示的"特性"选项板，在"公差"选项中设置公差，按 〈Esc〉键结束。

（2）尺寸要素的形状改变和位置调整　对于尺寸线、尺寸界线的隐藏，箭头的改变，文字对齐和位置调整，常用以下方法：

1）方法一：在标注样式管理器中单击"替代"按钮，在替代样式中设置"线""符号和箭头""文字""调整"选项中的要素，标注尺寸。

2）方法二：用"特性"命令修改对象。在"特性"选项板中，设置"直线和箭头""文字""调整"选项中的要素，按〈Esc〉键结束。

任务三　标注几何公差

一、工作任务

几何公差标注练习，注写图 6-42 中的几何公差和基准符号。

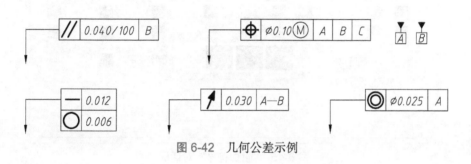

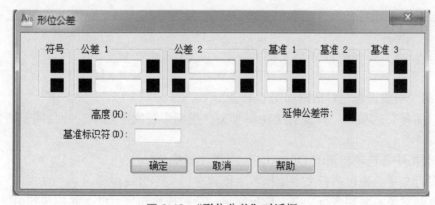

图 6-42　几何公差示例

二、知识准备

1. 公差

【功能】标注形状和位置公差。

【命令】菜单：标注 / 公差。

　　　　工具栏：标注→。

　　　　命令行：tolerance。

【操作】执行命令后，系统弹出"形位公差"对话框，如图 6-43 所示。

图 6-43　"形位公差"对话框

（1）符号　单击符号■框，弹出"特征符号"对话框，如图 6-44 所示。点选要标注的几何公差符号。

（2）"公差 1"和"公差 2"　单击该列前面的■框，可插入直径符号。在中间的文本框中输入公差值。单击该列后面的■框，打开"附加符号"对话框，为公差选择原则要求，如图 6-45 所示。

（3）"基准 1""基准 2"和"基准 3"　在文本框中输入大写"基准字母"，单击后面的■框，打开"附加符号"对话框，为基准选择原则要求。

图 6-44　"特征符号"对话框

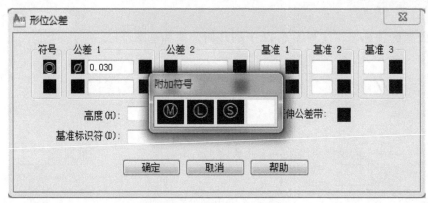

图 6-45　"附加符号"对话框

【说明】

1）公差框格内文字高度、字型由当前标注样式控制。

2）公差框格的引线及基准符号要用相应的命令绘制，基准符号可创建"块"。

2. 引线（快速引线）

【功能】创建引线和注释。可以定义引线点数、箭头和注释类型。

【命令】工具栏：标注→📐（在"自定义用户界面"选"标注"，调出"引线"按钮）。
　　　　命令行：qleader 或 le。

【操作】输入命令后，命令行提示如下：

命令：_qleader
指定第一个引线点或 [设置（S）] <设置>：（按〈Enter〉键）

弹出的"引线设置"对话框如图 6-46 所示。

（1）"注释"选项卡　设置引线注释类型，指定多行文字选项，并指明是否需要重复使用注释。

注释类型中各选项将更改 QLEADER 引线注释提示。

1）多行文字：通过多行文字编辑器来创建多行文字引线注释。

2）复制对象：复制多行文字、单行文字、公差或块参照对象，并连接到引线末端。

3）公差：表示注释的是几何公差。

图 6-46 "引线设置"对话框

4）块参照：表示注释的是插入的块。

5）无：表示没有注释，即只绘制出引线。

只有选定了多行文字注释类型时，多行文字选项才可用。

1）提示输入宽度：提示指定多行文字注释的宽度。

2）始终左对齐：无论引线位置在何处，多行文字注释均靠左对齐。

3）"文字边框"：给多行文字注释加边框。

重复使用注释用于设置是否重复使用注释。包括"无""重复使用下一个"和"重复使用当前"三个选项。

（2）"引线和箭头"选项卡　该选项卡用于设置引线和箭头格式，如图 6-47 所示。

图 6-47 "引线和箭头"选项卡

1）引线：用于设置引线是"直线"还是"样条曲线"。

2）箭头：用于设置引线起始点处的箭头样式。引线起点还有"无"或"小点"样式。

3）点数：用于设置引线的点数，"引线"命令将提示指定这些点。

4）角度约束：用于设置第一段与第二段的角度约束。

三、任务实施

1）设置绘图环境，启用绘图辅助工具。

2）创建图层，将用于标注的图层置为当前。

3）新建文字样式。

4）新建标注样式，并置为当前。

5）标注几何公差。

① 标注直线度、圆度公差，命令行提示如下：

```
命令：_qleader
指定第一个引线点或 [设置（S）] <设置>：（按〈Enter〉键）
```

系统弹出如图 6-46 所示的"引线设置"对话框，选择"注释类型"为"公差"，"重复使用注释"设为"重复使用下一个"，单击"确定"按钮。命令行提示如下：

```
指定第一个引线点或 [设置（S）] <设置>：（指定箭头起点）
指定下一点：（指定引线第二点）
指定下一点：（指定引线第三点，或按〈Enter〉键）
```

弹出"形位公差"对话框，如图 6-48 所示，选择符号、输入数值，单击"确定"按钮。

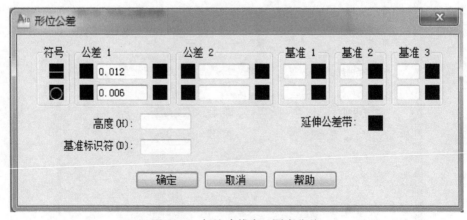

图 6-48　标注直线度、圆度公差

② 标注圆跳动公差，命令行提示如下：

命令：_qleader

指定第一个引线点或 [设置（S）] <设置>：（指定箭头起点）

指定下一点：（指定引线第二点）

指定下一点：（指定引线第三点，或按〈Enter〉键）

弹出"形位公差"对话框，如图 6-49 所示，选择符号、输入数值，单击"确定"按钮。

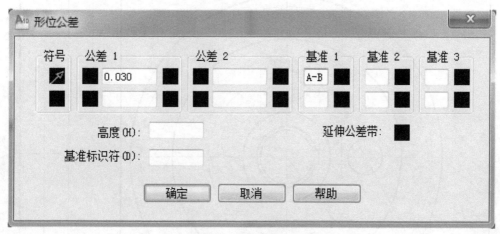

图 6-49　标注圆跳动公差

③ 标注同轴度、平行度、位置度公差，方法相同，请读者自行完成。

④ 标注基准符号。用"正多边形""直线""图案填充"命令绘制符号形状，调用"多行文字"命令并输入字母，或者采用"绘图 / 块 / 定义属性"命令，然后创建块、插入块。

综合练习题

1. 标注齿轮零件图尺寸、公差和文字，如图 6-50 所示。

2. 标注齿轮轴零件图尺寸、公差和文字，如图 6-51 所示。

3. 标注杠杆零件图尺寸、公差和文字，如图 6-52 所示。

4. 标注轴零件图尺寸、公差和文字，如图 6-53 所示。

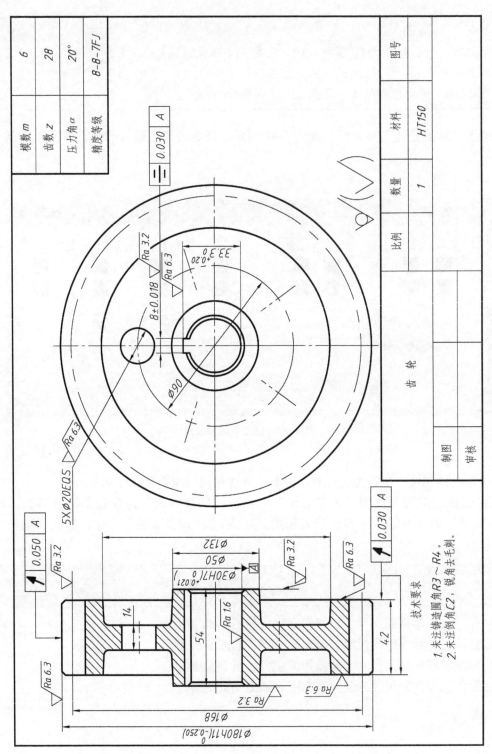

图 6-50　齿轮零件图

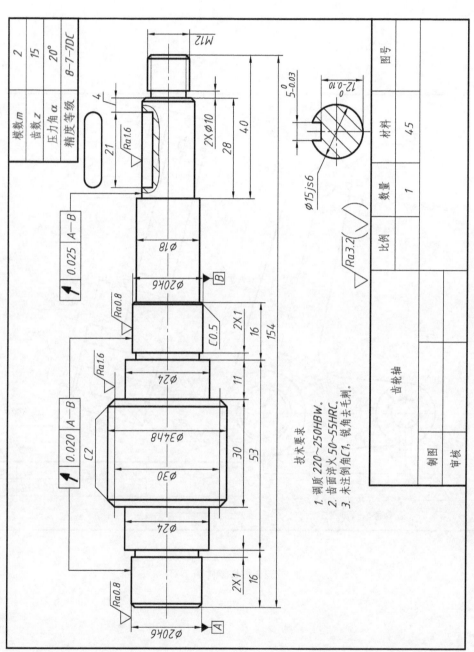

图 6-51 齿轮轴零件图

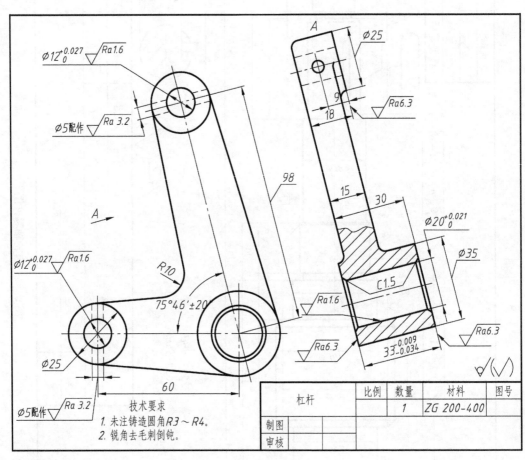

图 6-52 杠杆零件图

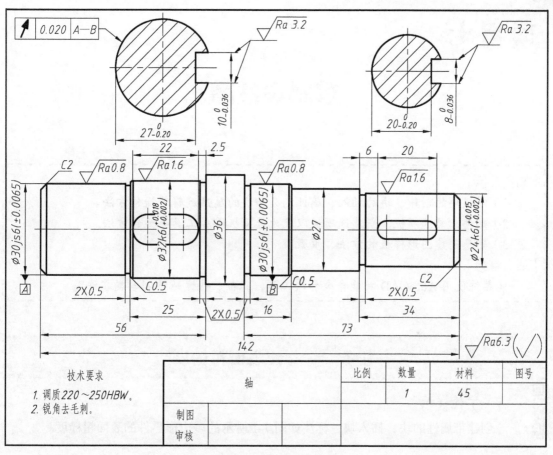

图 6-53　轴零件图

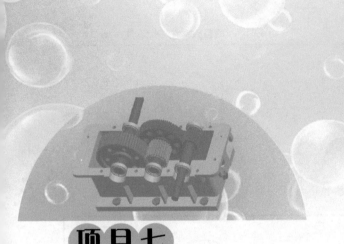

项目七

绘制零件图

任务一　标注表面粗糙度

一、工作任务

创建带属性的块，插入块，标注如图 7-1 所示的多边形零件的表面粗糙度。

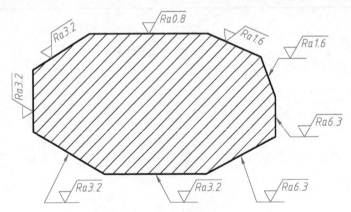

图 7-1　多边形零件的表面粗糙度标注示例

二、知识准备

1. 创建块

【功能】将图形对象创建为单一对象的图块，便于用户重复使用，还可以将信息（属性）附着到块上。

【命令】菜单：绘图 / 块 / 创建。

工具栏：绘图→。

命令行：block。

【操作】执行命令后，系统弹出"块定义"对话框，如图 7-2 所示。

图 7-2 "块定义"对话框

"块定义"对话框中各选项组的作用如下：

（1）名称 指定块的名称。

（2）预览 如果在"名称"下选择现有的块，或选择对象后，将显示块的预览。

（3）基点 指定块的插入基点。默认值均为 0。

1）在屏幕上指定：单击"确定"按钮关闭对话框时，将提示用户指定插入基点。

2）"拾取点"按钮：暂时关闭对话框，使用户能在当前图形中拾取插入基点。

（4）对象 指定新块中要包含的对象，以及创建块之后如何处理这些对象，是保留还是删除选定的对象或者将它们转换成块实例。

1）在屏幕上指定：单击"确定"按钮关闭对话框时，将提示用户选择对象。

2）"选择对象"按钮：暂时关闭"块定义"对话框，允许用户选择块对象。完成对象选择后，按〈Enter〉键重新显示"块定义"对话框。

3）保留：创建块以后，将选定对象保留在图形中作为区别对象。

4）转换为块：创建块以后，将选定对象转换成图形中的块实例。

5）删除：创建块以后，从图形中删除选定的对象。

（5）方式

1）注释性：指定块为注释性。

2）使块方向与布局匹配：指定在图纸空间视口中的块参照的方向与布局的方向匹配。如果未选择"注释性"复选框，则该选项不可用。

3）按统一比例缩放：指定是否阻止块参照不按统一比例缩放。

4）允许分解：指定块参照是否可以被分解。

（6）设置

1）块单位：指定块参照插入单位。

2）超链接：打开"插入超链接"对话框，可以使用该对话框将某个超链接与块定义相关联。

（7）说明　指定块的文字说明。

（8）在块编辑器中打开　单击"确定"按钮后，在块编辑器中打开当前的块定义。

【提示】

1）如果没有指定块的插入基点，默认值是坐标原点，将使块插入时不容易定点。

2）要有合适且尽可能表达块用途的块名。

2. 插入块

【功能】将块或图形插入当前图形中。

【命令】菜单：插入 / 块。

工具栏：绘图→。

命令行：insert。

【操作】执行命令后，弹出"插入"对话框，如图 7-3 所示。

图 7-3　"插入"对话框

"插入"对话框中各选项组的作用如下：

（1）名称　选择要插入块的名称。若要插入图形文件，可以单击"浏览"按钮，打开"选择图形文件"对话框，从中可选择要插入的图形文件。预览区将显示要插入块的图形。

（2）插入点 指定块的插入点。

在屏幕上指定：用定点设备指定块的插入点。选中该复选框，则在屏幕上指定插入点。或者，应在"X""Y""Z"三个文本框中输入插入点的坐标值。建议读者采用前者。

（3）比例 指定插入块的缩放比例。设置 X、Y、Z 三个方向的比例系数。

1）在屏幕上指定：用定点设备指定块的比例。

2）统一比例：为 X、Y、Z 坐标指定单一的比例值。

（4）旋转 指定块插入时的旋转角度。

1）在屏幕上指定：用定点设备指定块的旋转角度。

2）角度：设置插入块的旋转角度。

（5）分解 分解块并插入该块的各个部分。选中"分解"复选框时，只可以指定统一比例因子。

单击"确定"按钮，命令行提示如下：

```
命令：_insert
指定插入点或[基点（B）/比例（S）/X/Y/Z/旋转（R）]：（指定插入点）
指定旋转角度 <0.0>：（指定旋转角度）
输入属性值
请输入 <Ra3.2>：（输入表面粗糙度值）
```

3. 属性定义

【功能】创建用于在块中存储数据的属性定义，包括属性标记（标识属性的名称）、插入块时显示的提示、值的信息、文字格式、块中的位置和所有可选模式。

【命令】菜单：绘图 / 块 / 定义属性。

命令行：attdef。

【操作】执行命令后，系统弹出"属性定义"对话框，如图 7-4 所示。

"属性定义"对话框中各选项组的作用如下：

（1）模式 在图形中插入块时，设置与块关联的属性值选项。

1）不可见：指定插入块时不显示或打印属性值。

2）固定：在插入块时赋予属性固定值。

3）验证：插入块时提示验证属性值是否正确。

4）预设：插入包含预设属性值的块时，将属性设置为默认值。

5）锁定位置：锁定块参照中属性的位置。解锁后，属性可以相对于使用夹点编辑的块的其他部分移动，并且可以调整多行文字属性的大小。

6）多行：指定属性值可以包含多行文字。选中此复选框后，可以指定属性的边界宽度。

注意：在动态块中，由于属性的位置包括在动作的选择集中，因此必须将其锁定。

图 7-4 "属性定义" 对话框

（2）属性

1）标记：标识图形中每次出现的属性。可使用任何字符组合（空格除外）输入属性标记，小写字母会自动转换为大写字母。

2）提示：指定在插入包含该属性定义的块时显示的提示。如果不输入提示，属性标记将用作提示。

3）默认：指定默认属性值。

4）⬚ "插入字段"按钮：显示"字段"对话框。可以插入一个字段作为属性的全部或部分值。

（3）插入点　指定属性位置。输入坐标值或者选择"在屏幕上指定"复选框，并使用定点设备根据与属性关联的对象指定属性的位置。

（4）文字设置　设置属性文字的对正、文字样式、文字高度和旋转。

1）对正：指定属性文字的对正。

2）文字样式：指定属性文字的预定义样式。

3）注释性：指定属性为注释性。如果块是注释性的，则属性将与块的方向相匹配。

4）文字高度：指定属性文字的高度。输入值或单击右侧"文字高度"按钮，用定点设备指定高度。

5）旋转：指定属性文字的旋转角度。输入值或单击右侧"旋转"按钮，用定点设备指定旋转角度。

6）边界宽度：换行前，应指定多行文字属性中文字行的最大长度。值 0.000 表示对文字行的长度没有限制。

（5）在上一个属性定义下对齐　将属性标记直接置于之前定义的属性的下面。如果之前没有创建属性定义，则此选项不可用。

【提示】同一个图块可以定义多个属性。创建、插入带属性的图块步骤为：绘制图形，定义属性，创建块（选择对象时，属性也选上），插入块。

4. 编辑属性

【功能】编辑单个图块中每个属性的值、文字选项和特性。

【命令】菜单：修改 / 对象 / 属性 / 单个；修改 / 对象 / 文字 / 编辑。

工具栏：修改 II → 。

命令行：eattedit 或 ddedit。

【操作】执行命令后，命令行提示如下：

命令：_eattedit
选择块：（选择块）

系统弹出"增强属性编辑器"对话框，如图 7-5 所示。

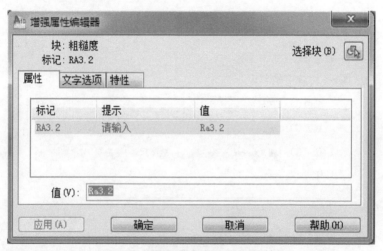

图 7-5 "增强属性编辑器"对话框

"增强属性编辑器"对话框各选项卡的作用为：

1）"属性"选项卡：选项卡中显示了块中每个属性的标记、提示和值。只能更改各属性值。

2）"文字选项"选项卡：该选项卡用于修改块中属性文字的设置，如图 7-6 所示。其中内容与图 7-4 中的"文字设置"基本相同。

3）"特性"选项卡：该选项卡用于修改属性文字所在的图层以及属性文字的线宽、线型、颜色及打印样式，如图 7-7 所示。

5. 块属性管理器

【功能】管理当前图形中块的属性定义。可以编辑属性定义、删除属性以及更改插入块时系统提示用户输入属性值。

【命令】菜单：修改 / 对象 / 属性 / 块属性管理器。

工具栏：修改 II → 。

命令行：battman。

【操作】执行命令后，弹出"块属性管理器"对话框，如图 7-8 所示。

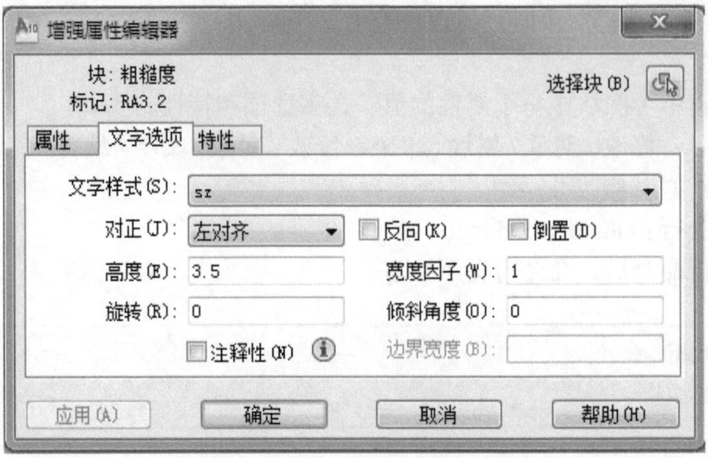

图 7-6 "文字选项"选项卡

图 7-7 "特性"选项卡

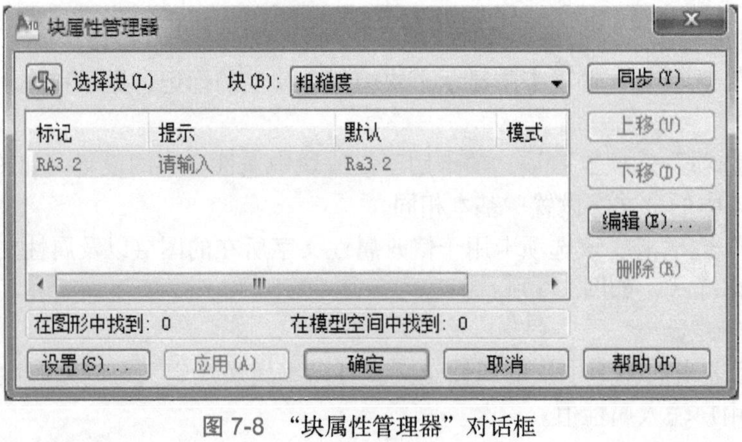

图 7-8 "块属性管理器"对话框

"块属性管理器"对话框中各部分的作用如下：

（1）"选择块"按钮　允许用户使用定点设备从图形区域选择块。单击该按钮，则切换到绘图窗口来选择块。

（2）"块"下拉列表 该列表列出了当前图形中含有属性的所有块的名称，用户可通过该下拉列表选择块。

（3）属性列表 该列表显示了所选块的属性，包括属性的标记、提示、默认值和模式等。

（4）"同步"按钮 单击该按钮，更新具有当前定义的属性特性的选定块的全部实例。

（5）"编辑"按钮 单击该按钮，将打开"编辑属性"对话框，如图 7-9 所示。用户可以编辑块定义的属性。

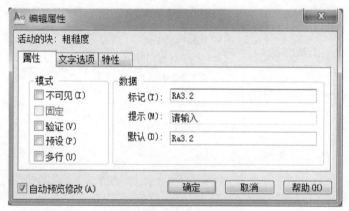

图 7-9 "编辑属性"对话框

"编辑属性"对话框各选项卡的作用如下：

1）"属性"选项卡中"模式"和"数据"内容与图 7-4 中的"模式"和"属性"基本一致。

2）"文字选项"选项卡与图 7-6 所示的"文字选项"选项卡的作用一致。

3）"特性"选项卡与图 7-7 所示的"特性"选项卡的作用一致。

三、任务实施

绘图和标注有关的设置、新建等操作步骤不再赘述。

1. 绘制表面粗糙度符号

按尺寸字高 3.5mm 绘制表面粗糙度符号。

2. 定义属性

单击"绘图 / 块 / 定义属性"，设置"属性"选项组中的"标记""提示""默认"值，在"文字设置"选项组中选择文字样式，设置文字高度，如图 7-10 所示。单击"确定"按钮，返回绘图区，命令行提示如下：

```
命令：_attdef
指定起点：(指定属性文字起点)
```

在表面粗糙度符号水平线的下方，确定属性位置，如图 7-11 所示。

3. 创建块

单击绘图工具栏 "创建块"命令（菜单：绘图 / 块 / 创建，命令行：block），执行命令后，在系统弹出的如图 7-2 所示的"块定义"对话框中进行如下操作：

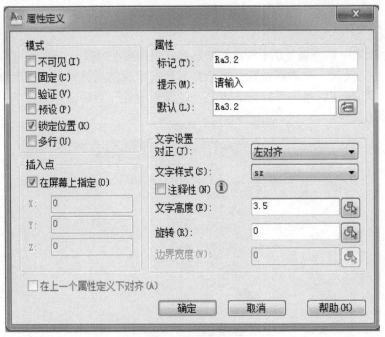

图 7-10 定义属性

图 7-11 表面粗糙度属性

1）输入块名"粗糙度"。

2）单击"拾取点"按钮，返回绘图区，命令行提示如下：

命令：_block
指定插入基点：（对象捕捉单击表面粗糙度符号尖一端，返回对话框）

3）单击"选择对象"按钮，返回绘图区，命令行提示如下：

命令：_block
选择对象：（窗选单击）指定对角点：（窗选单击，选中符号和属性）找到 6 个
选择对象：（按〈Enter〉键返回对话框）

在"块定义"对话框中，单击"确定"按钮，弹出"编辑属性"对话框，如图 7-12 所示。若不修改属性值，则单击"确定"按钮。

4. 插入块

1）标注表面粗糙度 $Ra0.8\,\mu m$。单击绘图工具栏 📇 "插入块"命令（菜单：插入 / 块，命令行：insert），执行命令后，系统弹出"插入"对话框，如图 7-3 所示。单击"确定"按

钮，命令行提示如下：

命令：_insert
指定插入点或 [基点（B）/比例（S）/X/Y/Z/旋转（R）]：（指定插入点）
指定旋转角度 <0.0>：（按〈Enter〉键）
输入属性值
请输入 <Ra3.2>：Ra0.8

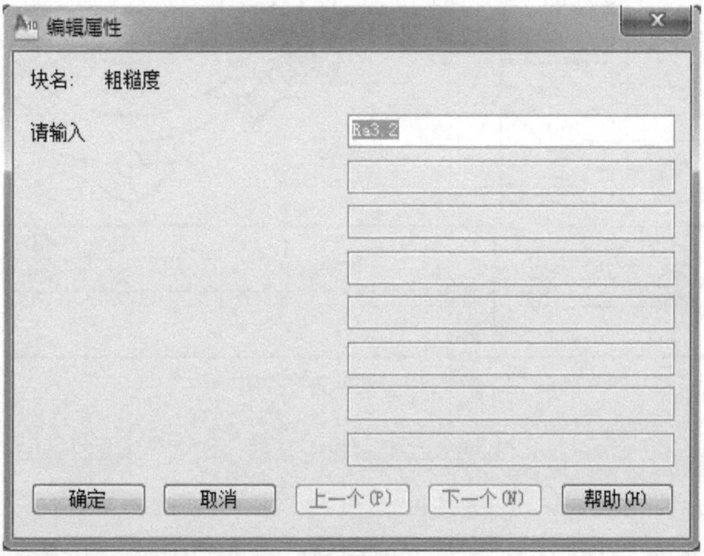

图 7-12　"编辑属性"对话框

2）标注表面粗糙度 $Ra1.6\mu m$。执行"插入块"命令，单击"插入"对话框中的"确定"按钮，命令行提示如下：

命令：_insert
指定插入点或 [基点（B）/比例（S）/X/Y/Z/旋转（R）]：（指定插入点）
指定旋转角度 <0.0>：（对象捕捉轮廓线上点确定旋转角度）
输入属性值
请输入 <Ra3.2>：Ra1.6

注意：对于引出标注的表面粗糙度，应先标注引线，再插入"粗糙度"块。

3）用同样方法标注表面粗糙度 $Ra3.2\mu m$ 和 $Ra6.3\mu m$。

任务二　绘制轴承盖零件图

一、工作任务

绘制轴承盖零件图，如图 7-13 所示。

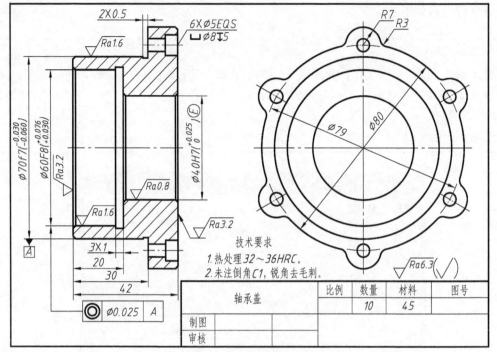

图 7-13　轴承盖零件图

二、知识准备

1. 工具选项板

在初次启动 AutoCAD，选择"AutoCAD 经典"工作空间时，"工具选项板"窗口自动打开固定，如图 7-14 所示。

【功能】工具选项板提供了一种用来组织、共享和放置块、图案填充及其他工具的有效方法。可以使用工具选项板上的图形或命令工具，添加到工具选项板上的项目称为工具。

【命令】菜单：工具 / 选项板 / 工具选项板。

　　　　工具栏：标准→▥。

　　　　命令行：toolpalettes。

【操作】执行命令后，"工具选项板"窗口自动打开，如图 7-15 所示。

（1）使用工具选项板　工具选项板主要用于图案填充和插入图形也可以使用工具选项板中的命令工具。

单击"工具选项板上"的图形（工具），命令行将显示相应的提示，按照提示进行操作即可，或将其拖至绘图窗口。

用工具选项板插入图形，实际上是向当前图形插入图块。如果把常用的图形定义成图块，添加到创建的"我的工具"选项板上，建立图形库，就可以方便、快捷地实现图块的插入。

（2）新建工具选项板　用户可以根据自身需要新建工具选项板。在"工具选项板"窗口的各区域单击鼠标右键，在弹出的快捷菜单中选择"新建选项板"，输入选项板标题名称，然后在其中添加图块。

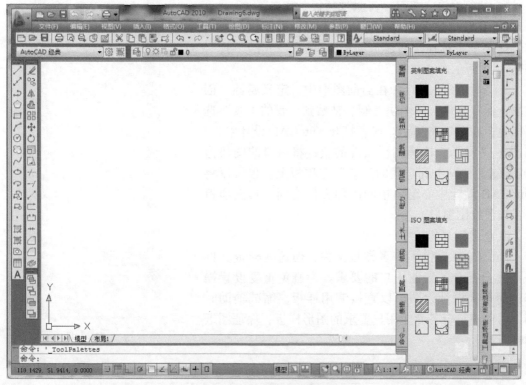

图 7-14　"工具选项板"窗口界面

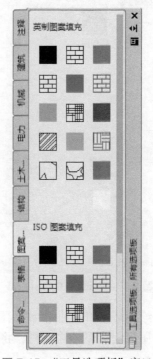

图 7-15　"工具选项板"窗口

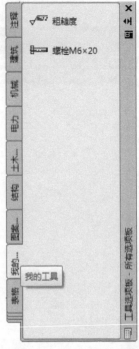

例如创建"我的工具"选项板。

1）执行命令，打开"工具选项板"窗口。

2）在窗口左侧的标题栏上单击鼠标右键，在弹出的快捷菜单中选择"新建选项板"，输入"我的工具"，如图 7-16 所示。

3）添加图块工具。在当前图形中，定义属性，创建块，保存文件，将图块复制、粘贴到"我的工具"选项板上，如图 7-16 所示。或者打开 AutoCAD 设计中心，如图 7-17 所示。选择图形文件的块，将窗口的图块拖（或复制、粘贴）到"我的工具"选项板上。也可以将 AutoCAD 设计中心窗口中的图形文件拖到工具选项板上或当前绘图窗口。

2. 创建图形样板

AutoCAD 提供了许多样板文件，但这些样板文件并不完全符合各专业用户的要求。为避免重复设置操作，使每次设计绘图可以直接调用样板，缩减辅助时间，可创建符合各专业用户要求的图形样板，保证图纸的规范性。

图 7-16　新建工具选项板

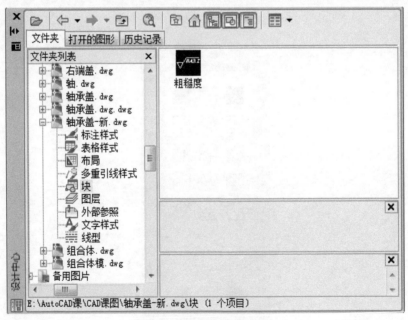

图 7-17　AutoCAD 设计中心

所谓图形样板文件就是包含绘图环境和专业参数（图层、文字、标注、块）的设置，绘制有图框和标题栏，但并没有图形对象的空白文件，将此空白文件保存为".dwt"格式，即样板文件。

新建一个名为 A4.dwt 的图形样板文件步骤如下：

1）设置图形单位、图形界限。

2）设置绘图辅助工具并启用。

3）设置图层。

4）设置文字样式。

5）设置尺寸标注样式。

6）绘制表面粗糙度符号，定义属性，创建块。

7）绘制图框、标题栏，输入文字。标题栏也可以定义属性，创建块，或采用插入表格绘制。

8）保存图形样板。单击"文件／另存为"命令，打开"图形另存为"对话框，在"文件类型"下拉列表中选择"AutoCAD 图形样板（*.dwt）"选项，在文件名中输入"A4"，如图 7-18 所示。单击"保存"按钮。

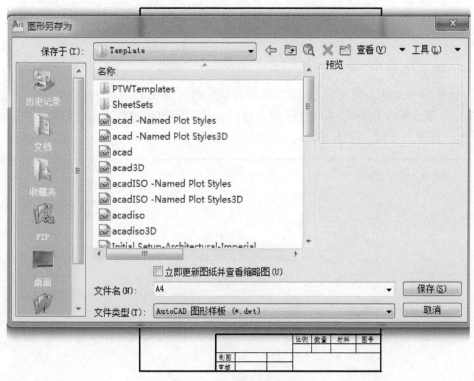

图 7-18　保存图形样板文件

9）调用图形样板。图形样板建立后，每次绘图都可以调用样板文件绘制新图。单击"文件／新建"命令，系统弹出如图 7-19 所示的"选择样板"对话框。在"名称"列表中选择用户所需的样板，单击"打开"按钮。

【说明】新建图形样板文件步骤中的"设置和创建"的具体内容参见前面相关项目任务。

图 7-19 "选择样板"对话框

三、任务实施

1) 新建图形文件, 调用 "A4 横"图形样板文件。单击"文件 / 新建"命令, 系统弹出如图 7-19 所示的"选择样板"对话框。在"名称"列表中选择"A4 横"的图形样板文件。单击"打开"按钮, 绘图窗口出现样板图, 如图 7-20 所示。

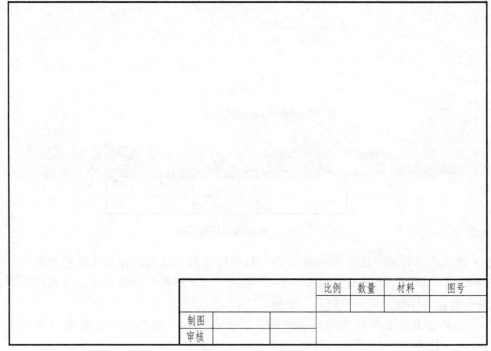

图 7-20 样板图

2）绘制图形。分解形体，分别画出每个基本体的两个视图，如图 7-21 所示。

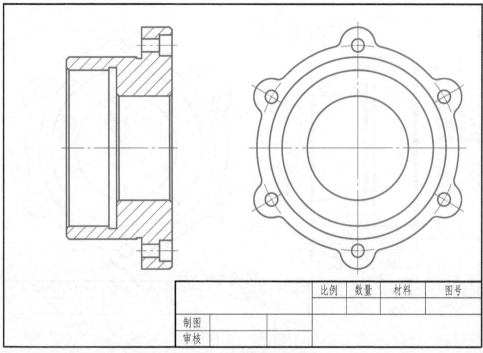

图 7-21 绘制图形

3）标注尺寸。标注公称尺寸和尺寸公差，如图 7-22 所示。

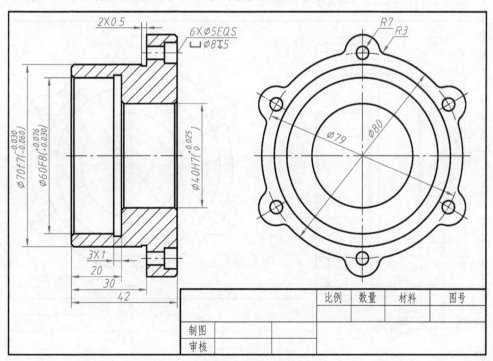

图 7-22 标注尺寸

4）标注几何公差，如图 7-23 所示。

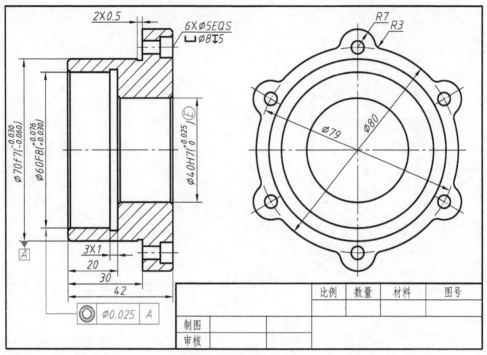

图 7-23　标注几何公差

5）标注表面粗糙度，如图 7-24 所示。

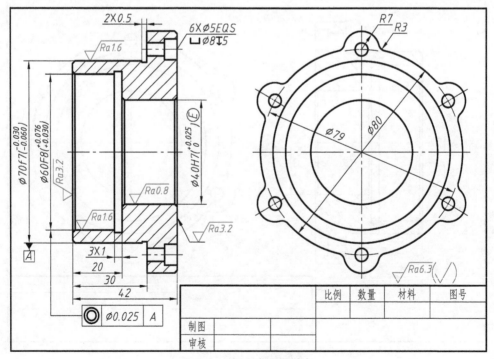

图 7-24　标注表面粗糙度

6）注写标题栏、技术要求文字，如图 7-25 所示。

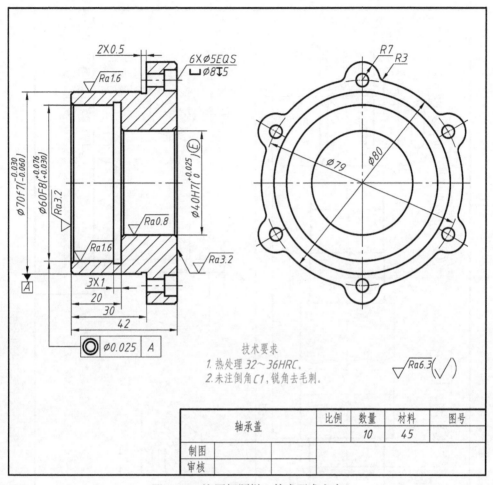

图 7-25 注写标题栏、技术要求文字

综合练习题

1. 绘制铣刀头轴零件图，如图 7-26 所示（将图 7-26~图 7-31 中内容建立图形文件）。

2. 绘制铣刀头座体零件图，如图 7-27 所示。

3. 绘制铣刀头端盖零件图，如图 7-28 所示。

4. 绘制铣刀头挡圈零件图，如图 7-29 所示。

5. 绘制铣刀头 V 带轮零件图，如图 7-30 所示。

6. 绘制铣刀头挡圈、调整环零件图，如图 7-31 所示。

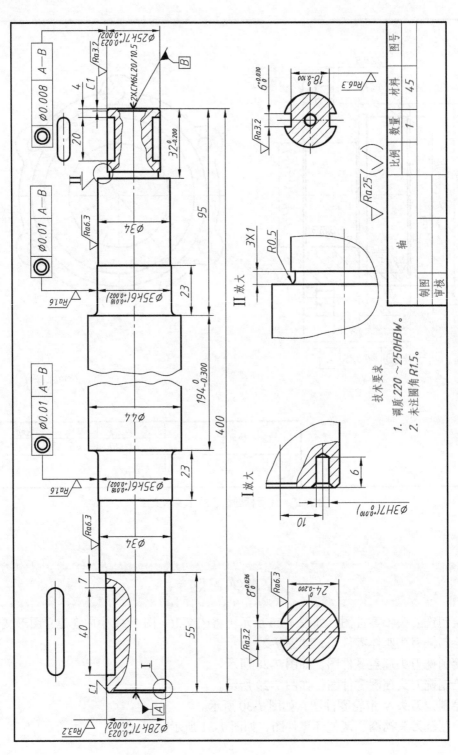

图 7-26　铣刀头轴零件图

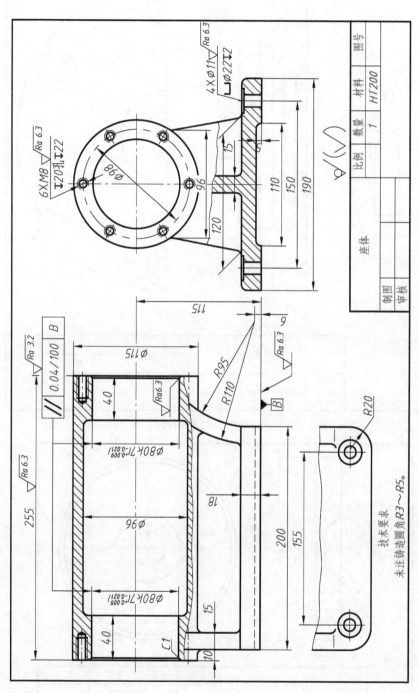

图 7-27 铣刀头座体零件图

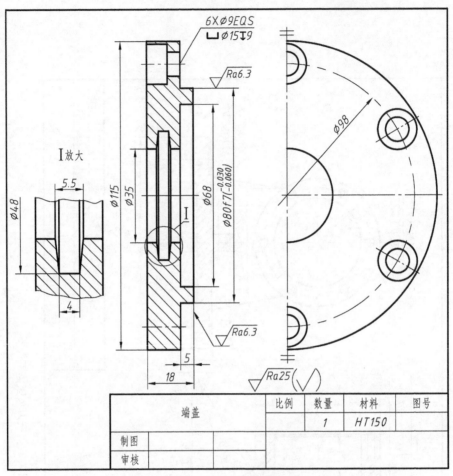

端盖			比例	数量	材料	图号
				1	HT150	
制图						
审核						

图 7-28 铣刀头端盖零件图

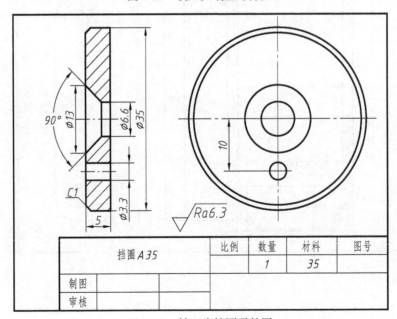

挡圈 A35			比例	数量	材料	图号
				1	35	
制图						
审核						

图 7-29 铣刀头挡圈零件图

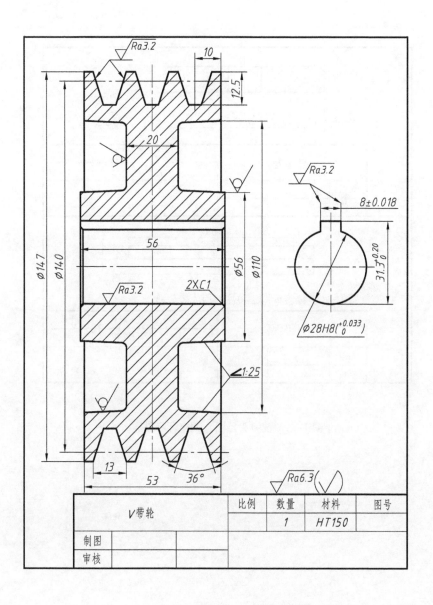

图 7-30 铣刀头 V 带轮零件图

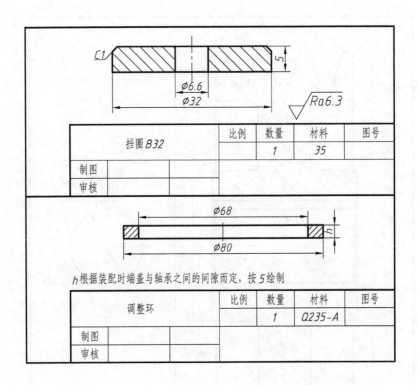

挡圈 B32			比例	数量	材料	图号
				1	35	
制图						
审核						

h 根据装配时端盖与轴承之间的间隙而定，按 5 绘制

调整环			比例	数量	材料	图号
				1	Q235-A	
制图						
审核						

图 7-31 铣刀头挡圈、调整环零件图

项目八

绘制装配图

任务一　绘制铣刀头装配图

一、工作任务

根据铣刀头装配示意图（图 8-1）和零件图（图 7-26~ 图 7-31），绘制装配图。铣刀头标准件明细栏见表 8-1。

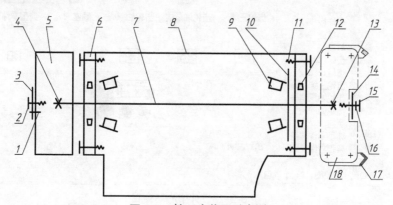

图 8-1　铣刀头装配示意图

1—销　2、11—螺钉　3、14—挡圈　4、13—键　5—V带轮　6—端盖　7—轴　8—座体
9—滚动轴承　10—调整环　12—毡圈　15—螺栓　16—垫圈　17—铣刀　18—刀盘

表 8-1　铣刀头标准件明细栏

序号	名　　称	数　　量	标 准 代 号
1	销 3m6 × 12	1	GB/T 119.2—2000
2	螺钉 M6 × 16	1	GB/T 68—2016
3	挡圈 A35	1	GB/T 891—1986
4	键 8 × 7 × 40	1	GB/T 1096—2003
9	滚动轴承 30307	2	GB/T 297—2015
11	螺钉 M8 × 20	12	GB/T 70.1—2008
12	毡圈	2	FZ/T 25001—2012
13	键 6 × 6 × 20	2	GB/T 1096—2003
14	挡圈 B32	1	GB/T 892—1986
15	螺栓 M6 × 20	1	GB/T 5781—2016
16	垫圈 6	1	GB/T 93—1987

二、知识准备

1. AutoCAD 设计中心

【功能】浏览、查找、预览及插入内容，包括块、图案填充和外部参照。

【命令】菜单：工具 / 选项板 / 设计中心。

工具栏：标准→▦。

命令行：adcenter。

【操作】执行命令后，系统弹出"设计中心"窗口，如图 8-2 所示。

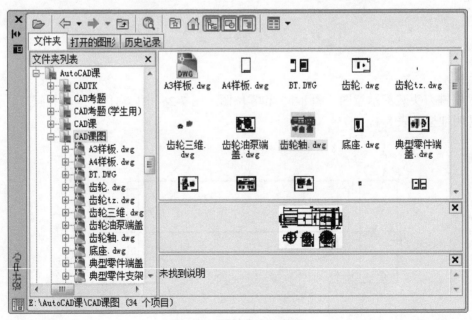

图 8-2　"设计中心"窗口

左侧窗格为树状图窗口，显示用户计算机和网络驱动器上的文件与文件夹的层次结构、打开图形的列表、自定义内容以及上次访问过的位置的历史记录。选择树状图中的项目，可在内容区域中显示其内容。

右侧窗格为内容区域窗口，显示树状图中当前选定对象的内容、图形或其他文件夹及图形中的定义对象（包括块、图层、标注样式、表格样式、多重引线样式和文字样式）。

右侧窗格下方为预览窗口，显示内容区选中对象的预览图。

通过设计中心可以进行如下内容的操作：

1）浏览资源中的图形文件，查看图形文件的图块、图层等内容的定义。

2）查找图形文件及图层、文字样式、标注样式、图块。

3）复制、粘贴（或拖放）图形文件及定义内容到当前窗口或工具选项板上。

2. 编写序号（引线）

【功能】用"引线"命令注释多行文字，编写零件序号。

【命令】工具栏：标注→ （在"自定义用户界面"选择"标注"，调出"引线"按钮）。

命令行：qleader 或 le。

【操作】输入命令后，命令行提示如下：

命令：_qleader
指定第一个引线点或 [设置（S）] <设置>：（按〈Enter〉键，弹出如图8-3所示的"引线设置"对话框）

1）"注释"选项卡：选择"注释类型"为"多行文字"，如图 8-3 所示。

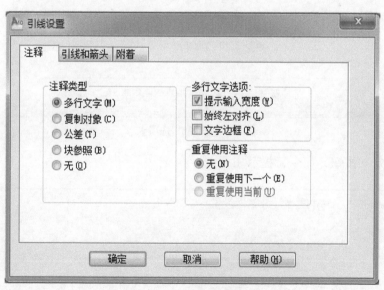

图 8-3 "注释"选项卡

2）"引线和箭头"选项卡：选择"箭头"为"小点"，如图 8-4 所示。

图 8-4 "引线和箭头"选项卡

3）"附着"选项卡：设置引线和多行文字注释的附着位置，如图 8-5 所示。

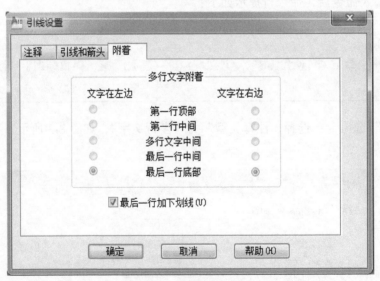

图 8-5 "附着"选项卡

单击"确定"按钮，命令行提示如下：

指定第一个引线点或[设置（S）]<设置>：（指定点）
指定下一点：（指定点）
指定下一点：（按〈Enter〉键）
指定文字宽度 <0>：（按〈Enter〉键）
输入注释文字的第一行 <多行文字（M）>：（按〈Enter〉键）

系统弹出"多行文字编辑器"对话框。输入数字、单击"确定"按钮。

三、任务实施

由零件图画装配图类似于装配，即把零件按照相互位置关系组装起来。画图时，以装配主干线为准，由内向外逐个画出各个零件的视图（也可由外向内，根据画图方便而定），逐步画出主体结构与零件细节，以及各种联接件如螺钉、键、销、螺栓等。

若在项目七综合习题中画好了铣刀头零件图、标准件，则插入零件图，拼画装配图。

1）绘制铣刀头轴，如图 8-6 所示。

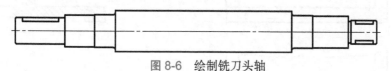

图 8-6　绘制铣刀头轴

2）绘制滚动轴承，如图 8-7 所示。

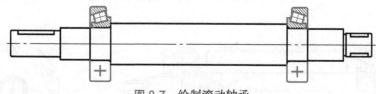

图 8-7　绘制滚动轴承

3）绘制座体，如图 8-8 所示。注意座体、轴承左端面相对位置。

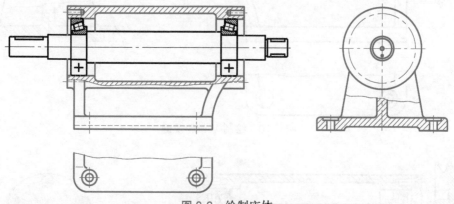

图 8-8　绘制座体

4）绘制端盖、螺钉、调整环及毡圈，如图 8-9 所示。

5）绘制 V 带轮及键，如图 8-10 所示。

6）绘制左挡圈、螺钉及销，如图 8-11 所示。

7）用双点画线绘制刀盘及铣刀，如图 8-12 所示。

8）绘制右挡圈、螺栓及垫圈，如图 8-13 所示。

9）视图完成后，及时检查、修改，注意配合、联接（螺纹）、密封处细节和剖面线的画法。

10）标注尺寸，如图 8-14 所示。装配图一般只需标注性能（或规格）、装配（配合、相对位置）、安装、总体及其他重要尺寸。

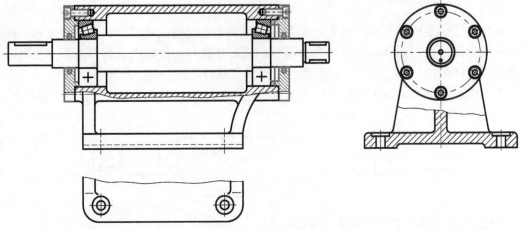

图 8-9　绘制端盖、螺钉、调整环及毡圈

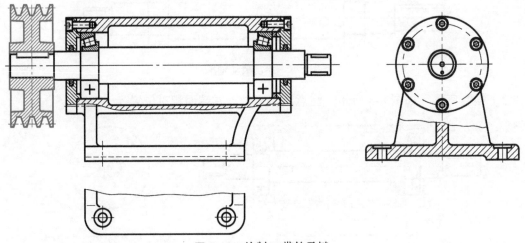

图 8-10　绘制 V 带轮及键

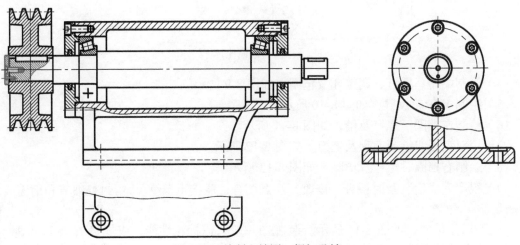

图 8-11　绘制左挡圈、螺钉及销

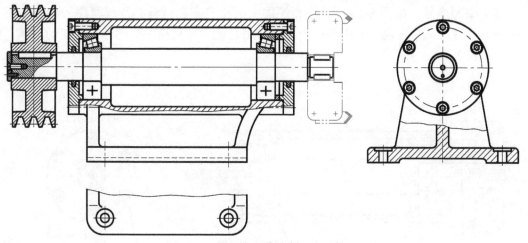

图 8-12　用双点画线绘制刀盘及铣刀

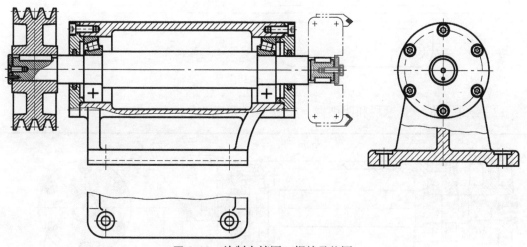

图 8-13　绘制右挡圈、螺栓及垫圈

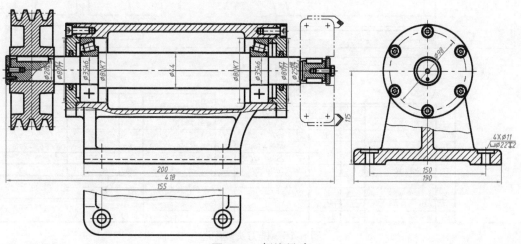

图 8-14　标注尺寸

11）编写序号，如图 8-15 所示。装配图中的所有零部件都必须编写序号，并与明细栏中序号一致。每一种规格零件编一个序号，组合标准件只编一个序号（如滚动轴承、油杯、电动机）。

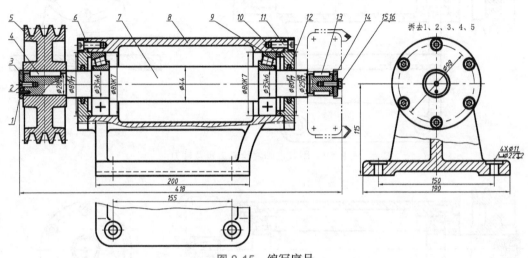

图 8-15　编写序号

12）绘制图框、标题栏和明细栏，如图 8-16 所示。

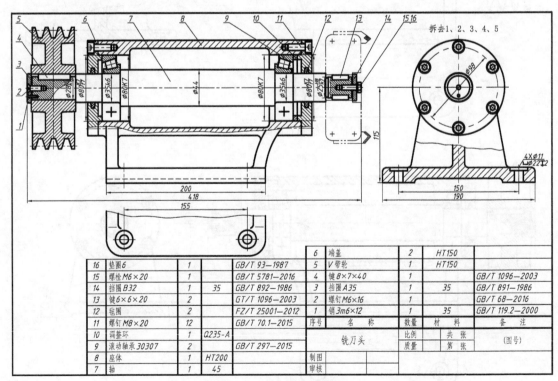

16	垫圈6	1		GB/T 93—1987
15	螺栓 M6×20	1		GB/T 5781—2016
14	挡圈 B32	1	35	GB/T 892—1986
13	键6×6×20	2		GT/T 1096—2003
12	毡圈	2		FZ/T 25001—2012
11	螺钉 M8×20	12		GB/T 70.1—2015
10	调整环	1	Q235-A	
9	滚动轴承 30307	2		GB/T 297—2015
8	座体	1	HT200	
7	轴	1	45	

6	端盖	2	HT150	
5	V 带轮	1	HT150	
4	键 8×7×40	1		GB/T 1096—2003
3	挡圈 A35	1	35	GB/T 891—1986
2	螺钉 M6×16	1		GB/T 68—2016
1	销 3m6×12	1	35	GB/T 119.2—2000
序号	名　　称	数量	材　料	备　　注

	铣刀头	比例		共　张	（图号）
		质量		第　张	
制图					
审核					

图 8-16　铣刀头装配图

任务二　绘制标题栏、明细栏

一、工作任务

用"表格"命令绘制铣刀头装配图的标题栏和明细栏，如图 8-17 所示。

					6	端盖	2	HT150	
16	垫圈6	1		GB/T 93—1987	5	V带轮	1	HT150	
15	螺栓M6×20	1		GB/T 5781—2016	4	键8×7×40	1		GB/T 1096—2003
14	挡圈B32	1	35	GB/T 892—1986	3	挡圈A35	1	35	GB/T 891—1986
13	键6×6×20	2		GT/T 1096—2003	2	螺钉M6×16	1		GB/T 68—2016
12	毡圈	2		FZ/T 25001—2012	1	销3m6×12	1	35	GB/T 119.2—2000
11	螺钉M8×20	12		GB/T 70.1—2015	序号	名　称	数量	材　料	备　注
10	调整环	1	Q235-A			铣刀头	比例	共　张	(图号)
9	滚动轴承30307	2		GB/T 297—2015			质量	第　张	
8	座体	1	HT200		制图				
7	轴	1	45		审核				

图 8-17　标题栏、明细栏

二、知识准备

1.表格样式

【功能】创建、修改和删除表格样式，设置当前表格样式。

【命令】菜单：格式 / 表格样式。

　　　　工具栏：样式→。

　　　　命令行：tablestyle。

【操作】执行命令后，系统弹出"表格样式"对话框，如图 8-18 所示。

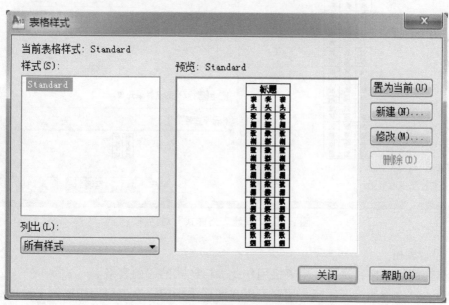

图 8-18　"表格样式"对话框

（1）样式　显示表格样式列表。当前样式被亮显。

（2）列出　控制"样式"列表的内容。

（3）预览　显示"样式"列表中选定样式的预览图像。

（4）置为当前　将"样式"列表中选定的表格样式置为当前样式。所有新表格都将使用此表格样式创建。

（5）新建　单击该按钮，系统弹出"创建新的表格样式"对话框，如图 8-19 所示，从中可以定义新的表格样式。

（6）修改　单击该按钮，系统弹出"修改表格样式"对话框，与"新建表格样式"对话框内容一样，从中可以修改表格样式。

图 8-19　"创建新的表格样式"对话框

（7）删除　删除"样式"列表中选定的表格样式。不能删除图形中正在使用的样式。

在"创建新的表格样式"对话框中输入新样式名，单击"继续"按钮，系统弹出"新建表格样式"对话框，如图 8-20 所示。

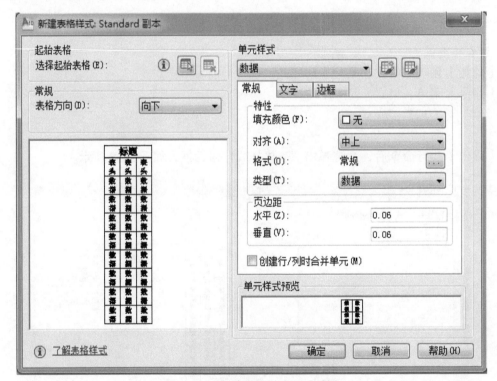

图 8-20　"新建表格样式"对话框

1）起始表格

① 选择起始表格：选择一个表格用作此表格样式的起始表格。

② 单击"选择表格"图标，用户可以在图形中指定一个表格用作样例来设置此表格样式的格式。选择表格后，可以指定要从该表格复制到表格样式的结构和内容。

③ 单击"删除表格"图标，可以将表格从当前指定的表格样式中删除。

2）常规选项区中的表格方向：设置表格方向。"向下"将创建由上而下读取的表格，"向上"将创建由下而上读取的表格。

3）预览区：显示当前表格样式设置效果的样例。

4）单元样式。定义新的单元样式或修改现有单元样式。

①"单元样式"下拉列表：显示表格中的单元样式，包括数据、表头、标题。

②"常规"选项卡：为单元样式设置填充颜色、对齐、格式、类型等特性和页边距。

③"文字"选项卡：设置单元中文字样式、文字高度、文字颜色和文字角度。

④"边框"选项卡：设置单元边框的线宽、线型和颜色特性。

2.表格

【功能】创建空的表格对象。

【命令】菜单：绘图 / 表格。

　　　　工具栏：绘图→。

　　　　命令行：table。

【操作】执行命令后，系统弹出"插入表格"对话框，如图 8-21 所示。

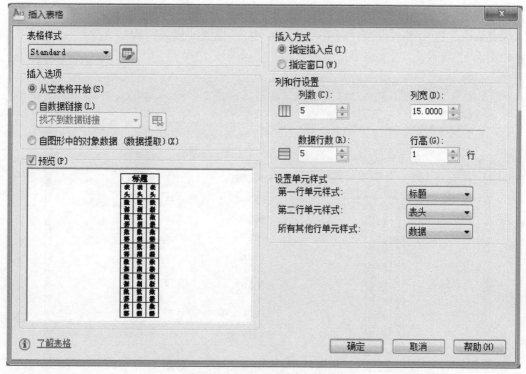

图 8-21　"插入表格"对话框

（1）表格样式　选择创建的表格样式。用户可以在下拉列表中选择并创建新的表格样式。

（2）插入选项　指定插入表格的方式。创建可以手动填充数据的空表格，选择"从空表格开始"按钮。

（3）预览　控制是否显示预览。

（4）插入方式 指定表格位置的方式。

（5）列和行设置 设置列和行的数目及大小。

（6）设置单元样式 对于不包含起始表格的表格样式，应指定新表格中行的单元格式。

1）第一行单元样式：指定表格中第一行的单元样式。默认"标题"单元样式。

2）第二行单元样式：指定表格中第二行的单元样式。默认"表头"单元样式。

3）所有其他行单元样式：指定表格中所有其他行的单元样式。默认"数据"单元样式。

三、任务实施

1. 设置表格样式

新建或修改默认表格样式，使其符合标题栏、明细栏要求。

执行"表格样式"命令，系统弹出如图 8-18 所示的"表格样式"对话框。单击"修改"按钮，系统弹出"修改表格样式"对话框，如图 8-22 所示。或者新建表格样式，如图 8-19、图 8-20 所示的步骤。

1）表格方向选择"向上"。

2）分别选择单元样式下拉列表中"数据、表头、标题"，设置其单元样式。

①"常规"选项卡：设置"对齐"为"正中"，设置"格式"为"文字"，页边距参数设置如图 8-22 所示。

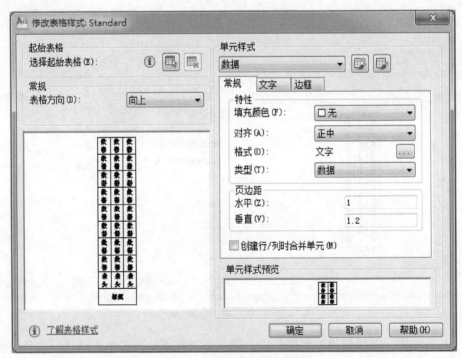

图 8-22 "常规"选项卡设置

②"文字"选项卡：选择文字样式，设置文字高度，如图 8-23 所示。

③"边框"选项卡：设置线宽、线型、颜色等边框特性，单击□"外边框"按钮，如图 8-24 所示。

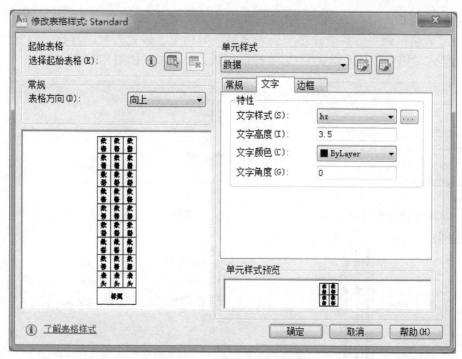

图 8-23 "文字"选项卡设置

图 8-24 "边框"选项卡设置

单击"确定"按钮,返回"表格样式"对话框,如图 8-18 所示,关闭"表格样式"对话框。

2. 绘制标题栏

执行"表格"命令，系统弹出"插入表格"对话框，设置列数、行数、列宽等参数，设置单元样式"第一行单元样式""第二行单元样式"选项，如图 8-25 所示。

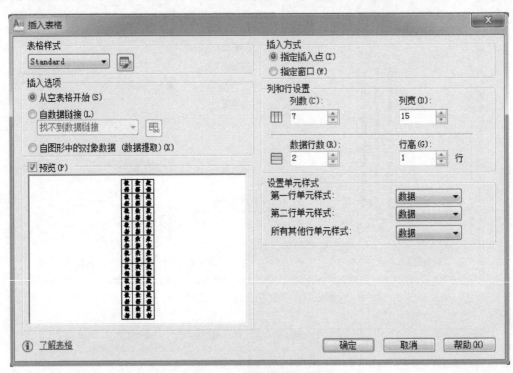

图 8-25 标题栏表格设置

单击"确定"按钮，命令行提示如下：

命令：_table
指定插入点：（指定表格插入点）

在当前窗口出现标题栏表格，如图 8-26 所示。可在单元格内输入文字，或者先进行列宽调整和合并单元格，然后双击单元格，打开多行文字编辑器输入文字。

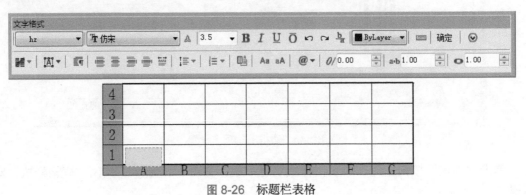

图 8-26 标题栏表格

（1）调整列宽　选中列单元格，单击鼠标右键，弹出如图 8-27 所示的表格快捷菜单，选择"特性"（或选择列单元格，单击 ▣ "特性"命令），弹出表格"特性"选项板。在"单元宽度"中输入"25"，如图 8-28 所示，在非输入区单击鼠标，按〈Esc〉键退出。选择其他列单元格，输入单元宽度，按〈Esc〉键退出，依次完成列宽度调整，关闭"特性"选项板。也可以调整"单元高度"。

图 8-27　表格快捷菜单

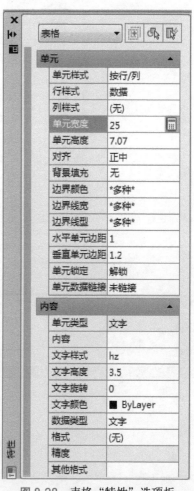

图 8-28　表格"特性"选项板

【提示】在快捷菜单中可以选择不同选项，完成表格设置修改。

1）选择"行 / 列"，可以进行插入、删除行 / 列操作。插入、删除的行 / 列数取决于选中的行 / 列数。

2）选择"边框"，系统弹出"单元边框特性"对话框，如图 8-29 所示，设置选定表格单元的边框特性。

3）文字对齐方式单击"对齐"选项。设置表中数据类型，格式选择"数据格式"，弹出相应对话框。

（2）合并单元格　窗选要合并的单元格，单击鼠标右键，在弹出的快捷菜单中选择"合并 / 全部"，如图 8-30 所示。

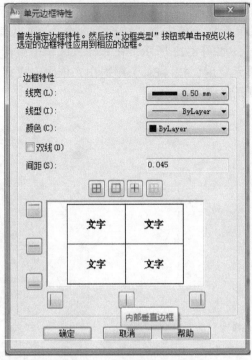

图 8-29 "单元边框特性"对话框

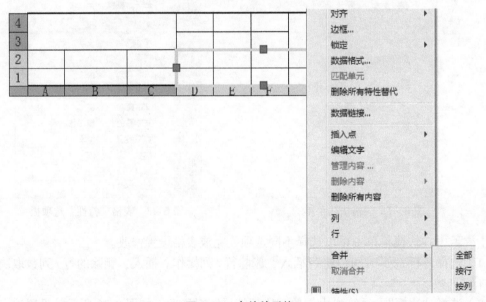

图 8-30 合并单元格

（3）输入文字 双击单元格，弹出如图 8-26 所示的标题栏表格，输入文字，通过"左、右、上、下"箭头键移动光标。装配图标题栏绘制结果如图 8-31 所示。

铣刀头		比例		共 *1* 张	〔图号〕
		质量		第 *1* 张	
制图	（姓名）	（学号）		（校名、班级）	
审核					

图 8-31 装配图标题栏

3. 绘制明细栏

执行"表格"命令，弹出"插入表格"对话框，设置 5 列、15 行，列宽为"15"，设置单元样式"第一行单元样式""第二行单元样式"选项，如图 8-32 所示。

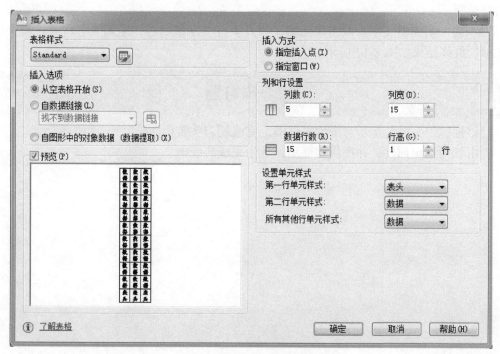

图 8-32 明细栏表格设置

单击"确定"按钮，命令行提示如下：

命令：_table
指定插入点：（对象捕捉标题栏右上角端点）

（1）调整列宽

1）方法一：通过快捷菜单打开"特性"选项板，设置"单元宽度"。

2）方法二：采用夹点功能，并结合对象捕捉、对象追踪，分别与标题栏对齐，如图 8-33 所示。

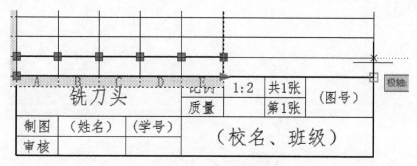

图 8-33 夹点功能调整列宽

（2）加粗内部垂直边框　窗选表格内所有单元格，单击鼠标右键，在快捷菜单中选择"边框"，系统弹出如图 8-29 所示的"单元边框特性"对话框。设置"线宽"为"0.5"，"线型""颜色"为"Bylayer"，单击 □"内部垂直边框"按钮，最后单击"确定"按钮，退出对话框。

（3）输入明细栏文字　双击单元格，打开多行文字编辑器，输入文字，通过箭头键移动光标。最终结果如图 8-17 所示。

综合练习题

1. 根据铣刀头的装配示意图和零件图，完成铣刀头装配图。

2. 由教师指定部件，并提供零件图，学生完成装配图。

项目九

图形打印、查询

任务一　打 印 图 样

一、工作任务

用 A4 图纸打印轴零件图，如图 9-1 所示。

二、知识准备

1. 输出

【功能】将图形对象输出为其他格式文件。

【命令】菜单：文件 / 输出。

　　　　命令行：export。

【操作】执行命令后，系统弹出"输出数据"对话框，如图 9-2 所示。

在"文件类型"下拉列表中选择各种输出格式，可以使用以下输出类型：

1）三维 DWF（*.dwf）、三维 DWFx（*.dwfx）：Autodesk Design Web Format，三维模型的三维 DWF 文件或三维 DWFx 文件。

2）图元文件（*.wmf）：Microsoft Windows 图元文件。

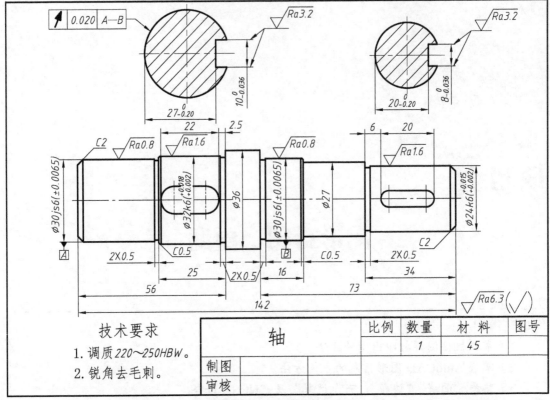

图 9-1　轴零件图

图 9-2　"输出数据"对话框

3）ACIS（*.sat）：ACIS 实体对象文件。

4）平板印刷（*.stl）：实体对象光固化快速成型文件。

5）封装的 PS（*.eps）：封装的 Post Script 文件。

6）DXX 提取（*.dxx）：属性提取 DXF™ 文件。

7）位图（*.bmp）：设备无关的位图文件。

8）块（*.dwg）：AutoCAD 图形文件。

9）V7 DGN（*.dgn）：MicroStation DGN 文件。

10）V8 DGN（*.dgn）：MicroStation DGN 文件。

2. 打印

【功能】将图形打印到图纸。

【命令】菜单：文件 / 打印。

　　　　工具栏：标准→🖨。

　　　　命令行：plot。

【操作】执行命令后，系统弹出"打印 - 模型"对话框，如图 9-3 所示。

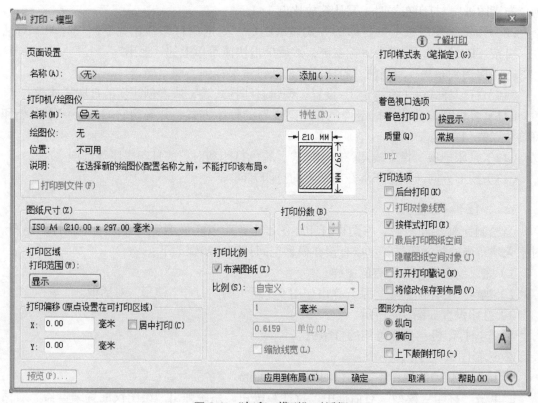

图 9-3　"打印 - 模型"对话框

（1）页面设置　列出图形中已命名或已保存的页面设置。可以将图形中保存的页面设置作为当前页面设置，也可以单击"添加"按钮，设置并创建一个新的命名页面设置。

（2）打印机 / 绘图仪　使用已配置的打印设备。

1）名称：列出可用的打印机，可以从中进行选择。

2）特性：显示"绘图仪配置编辑器"对话框，从中可以查看或修改当前绘图仪的配置、端口、设备和文档设置。

（3）图纸尺寸 显示所选打印设备可用的标准图纸尺寸。如果未选择绘图仪，将显示全部标准图纸尺寸的列表，以供选择。

（4）打印份数 指定要打印的份数。

（5）打印区域 指定要打印的图形部分。在"打印范围"下，可以选择要打印的图形区域。

1）窗口：打印指定的图形部分。选择"窗口"，单击"窗口"按钮以使用定点设备指定要打印区域的两个角点，或输入坐标值。

2）图形界限：将打印栅格界限定义的整个图形区域。

3）显示：模型中当前视口中的视图或布局中的当前图纸空间视图。

（6）打印偏移 指定打印区域相对于可打印区域左下角或图纸边界的偏移。

居中打印：自动计算 X 偏移值和 Y 偏移值，在图纸上居中打印。

（7）打印比例 控制图形单位与打印单位之间的相对尺寸。从"模型"打印时，默认为"布满图纸"。打印布局时，默认缩放比例 1∶1。

（8）预览 在图纸上以打印的方式显示图形。要退出打印预览并返回"打印"对话框，可按〈Esc〉键，或单击鼠标右键，然后单击快捷菜单上的"退出"。

（9）应用到布局 将当前"打印"对话框设置保存到当前布局。

（10）打印样式表（笔指定） 设置、编辑打印样式表，或者创建新的打印样式表。

（11）着色视口选项 指定着色和渲染视口的打印方式，并确定它们的分辨率大小和每英寸点数（DPI）。

（12）打印选项 指定线宽、打印样式、着色打印和对象的打印次序等选项。

（13）图形方向 指定图形在图纸上的打印方向。

三、任务实施

当绘制完轴零件图后，将图样打印在图纸上。可以在模型空间和图纸空间打印出图。对于无须布局的机械图样，可以直接在模型空间打印，步骤如下：

1）完成绘图或打开已有的图样。

2）执行"打印"命令，系统弹出如图 9-3 所示的"打印 - 模型"对话框。

3）打印设置如图 9-4 所示。

① 选择打印机：选择可用的打印机。

② 选择图纸尺寸：A4。

③ 设置可打印区域：不装订，四周留出 10mm。

a.单击"打印 – 模型"对话框中"特性"按钮，系统弹出"绘图仪配置编辑器"对话框，如图 9-5 所示。

b.选中"设备和文档设置"选项卡中的"修改标准图纸尺寸（可打印区域）"，然后选择"修改标准图纸尺寸"下拉列表中的 A4 图纸尺寸，如图 9-5 所示。

c.单击"修改"按钮，系统弹出"自定义图纸尺寸 – 可打印区域"对话框，如图 9-6 所示。输入页面的上、下、左、右边界尺寸"10"，然后单击"下一步""完成"按钮。

图 9-4 打印设置

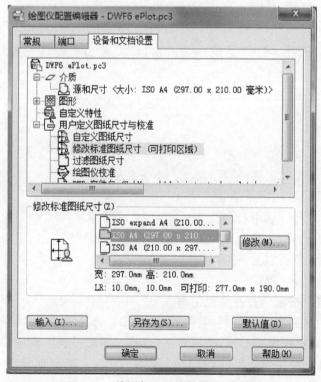

图 9-5 "绘图仪配置编辑器"对话框

【说明】也可不进行"可打印区域"设置，由驱动程序计算确定打印区域。或者选择"full bleed A4"图纸，并在图样中绘制"图纸幅面"线框，在"打印区域"选择"窗口"后，指定打印窗口时，对象捕捉点选图纸幅面线框的两个对角点。

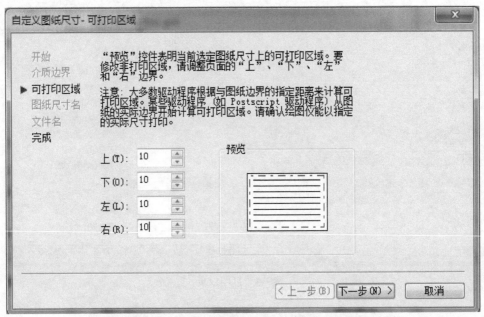

图 9-6 "自定义图纸尺寸 - 可打印区域"对话框

④ 打印区域。选择"打印范围"为"窗口"，单击"窗口"按钮，命令行提示如下：

> 命令：_plot
> 指定打印窗口
> 指定第一个角点：(对象捕捉图框线角点，单击鼠标左键）。
> 指定对角点：(对象捕捉图框线对角点，单击鼠标左键）。

⑤ 打印偏移：选择"居中打印"。

⑥ 打印比例：选择"布满图纸"或"比例"1:1，此图样是 A4 图幅按 1:1 绘制的。

⑦ 打印样式表（笔指定）：选择"monochrome.ctb"。

⑧ 图形方向：选择"横向"。

4）单击"预览"按钮，查看是否正确。

5）页面设置。如果要再次进行同样设置的打印，可选择"上一次打印"。若后续要多次或经常打印，可将打印设置参数进行保存。单击"页面设置"选项中"添加"按钮，系统弹出"添加页面设置"对话框，如图 9-7 所示。输入"新页面设置名"，单击"确定"按钮。

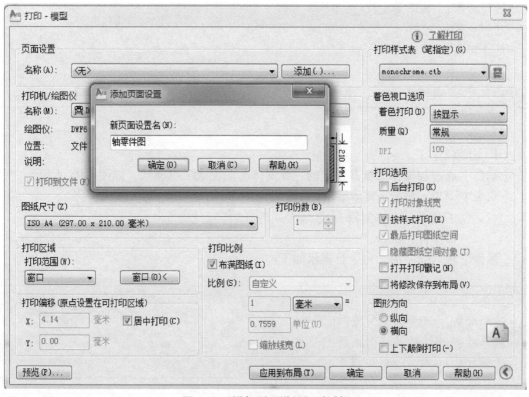

图 9-7 "添加页面设置"对话框

任务二 查询图形信息

一、工作任务

绘制接触环，如图 9-8 所示，查询接触环的面积、质心。

二、知识准备

1. 面域

【功能】用闭合的形状或环创建的二维区域。闭合多段线、闭合的多条直线和闭合的多条曲线都是有效的选择对象。曲线包括圆弧、圆、椭圆弧、椭圆和样条曲线。

【命令】菜单：绘图 / 面域。

工具栏：绘图→ 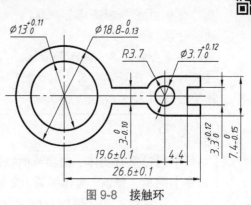。

命令行：region。

【操作】输入命令后，命令行提示如下：

图 9-8 接触环

命令：_region

选择对象：（选择圆）找到1个

选择对象：（选择正方形）找到1个，总计2个

选择对象：（按〈Enter〉键）

已提取2个环

已创建2个面域

2. 布尔运算

（1）并集

【功能】通过加操作来合并选定的三维实体、曲面或二维面域，如图 9-9a 所示。

【命令】菜单：修改 / 实体编辑 / 并集。

工具栏：实体编辑→⓪。

命令行：union。

【操作】输入命令后，命令行提示如下：

命令：_union

选择对象：（选择面域）找到1个

选择对象：（选择面域）找到1个，总计2个

选择对象：（按〈Enter〉键）

（2）差集

【功能】通过减操作来合并选定的三维实体、曲面或二维面域，如图 9-9b 所示。

【命令】菜单：修改 / 实体编辑 / 差集。

工具栏：实体编辑→⓪。

命令行：subtract。

【操作】输入命令后，命令行提示如下：

命令：_subtract 选择要从中减去的实体、曲面和面域...

选择对象：（选择圆面域）找到1个

选择对象：（按〈Enter〉键）

选择要减去的实体、曲面和面域...

选择对象：（选择方形面域）找到1个

选择对象：（按〈Enter〉键）

（3）交集

【功能】通过重叠实体、曲面或面域创建三维实体、曲面或二维面域，如图 9-9c 所示。

【命令】菜单：修改 / 实体编辑 / 交集。

工具栏：实体编辑→⓪。

命令行：intersect。

【操作】输入命令后，命令行提示如下：

命令：_intersect

选择对象：（选择面域）找到1个

选择对象：（选择面域）找到1个，总计2个

选择对象：（按〈Enter〉键）

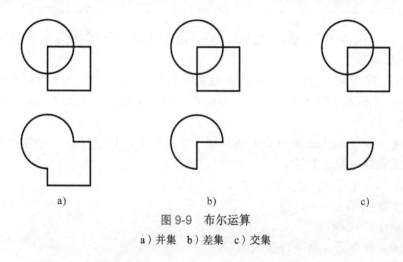

a)

b)

c)

图 9-9 布尔运算

a）并集 b）差集 c）交集

【提示】在"并集""交集"命令中，选择对象可不分先后，也可一次窗选对象。

3. 边界

【功能】从封闭区域创建面域或多段线。

【命令】菜单：绘图/边界。

命令行：boundary。

【操作】执行命令后，系统弹出"边界创建"对话框，如图 9-10 所示。

（1）拾取点 根据围绕指定点构成封闭区域的现有对象来确定边界。

（2）孤岛检测 控制 BOUNDARY 是否检测内部闭合边界，该边界称为孤岛。

（3）对象类型 控制新边界对象的类型。BOUNDARY 将边界作为面域或多段线对象创建。

图 9-10 "边界创建"对话框

（4）边界集 定义通过指定点定义边界时，BOUNDARY 要分析的对象集。

（5）当前视口 根据当前视口范围中的所有对象定义边界集，选择此选项将放弃当前所有边界集。

（6）新建 提示用户选择用来定义边界集的对象。BOUNDARY 仅包括可以在构造新边界集时，用于创建面域或闭合多段线的对象。

单击"确定"按钮，命令行提示如下：

```
命令：_boundary
拾取内部点:（拾取内部点）正在选择所有对象...
正在选择所有可见对象...
正在分析所选数据...
正在分析内部孤岛...
拾取内部点:（按〈Enter〉键）
BOUNDARY 已创建1个多段线
```

【说明】若"对象类型"选择"面域"，则"BOUNDARY 已创建 1 个面域"。

4. 用户坐标系 UCS

AutoCAD 软件有两个坐标系：一个是被称为世界坐标系（WCS）的固定坐标系，一个是被称为用户坐标系（UCS）的可移动坐标系。默认情况下，这两个坐标系在图形中是重合的。

【功能】重新定位和旋转用户坐标系，便于坐标输入、栅格显示、栅格捕捉、正交模式和其他图形工具。

【命令】菜单：工具 / 新建 UCS（W）。

　　　　工具栏：UCS 工具栏。

　　　　命令行：ucs。

【操作】输入命令后，命令行提示如下：

```
命令：_ucs
当前 UCS 名称：*世界*
指定UCS 的原点或 [面（F）/命名（NA）/对象（OB）/上一个（P）/视图（V）/世界
（W）/X/Y/Z/Z轴（ZA）] <世界>：（指定点）
指定 X 轴上的点或 <接受>：（指定点或按〈Enter〉键）
```

可以重新定位用户坐标系，每种方法均在"UCS"命令中有相对应的选项。

1）通过移动原点来定义新的用户坐标系 UCS。

2）将 UCS 与现有对象对齐。

3）通过指定新原点和新 X 轴上的一点旋转 UCS。

4）将当前 UCS 绕 Z 轴旋转指定的角度。

5）恢复到上一个 UCS。

6）恢复 UCS 与 WCS 重合。

5. 查询

【功能】测量选定对象或点序列的距离、半径、角度、面积和体积；计算面域或三维实体的质量特性；显示指定位置的 UCS 坐标值。

【命令】菜单：工具 / 查询 /…，如图 9-11 所示。

　　　　命令行：measuregeom、massprop。

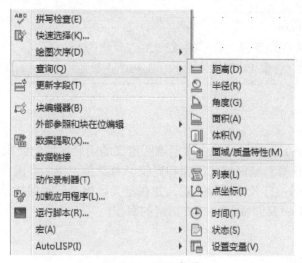

图 9-11　查询菜单

（1）查询距离

【操作】单击"工具 / 查询 / 距离"命令，命令行提示如下：

命令：_measuregeom
输入选项 [距离（D）/半径（R）/角度（A）/面积（AR）/体积（V）]<距离>：_distance
指定第一点：(指定点)
指定第二个点或 [多个点（M）]：(指定点)

（2）查询半径

【操作】单击"工具 / 查询 / 半径"命令，命令行提示如下：

命令：_measuregeom
输入选项 [距离（D）/半径（R）/角度（A）/面积（AR）/体积（V）]<距离>：_radius
选择圆弧或圆：(选择圆弧或圆)

（3）查询角度

【操作】单击"工具 / 查询 / 角度"命令，命令行提示如下：

命令：_measuregeom
输入选项 [距离（D）/半径（R）/角度（A）/面积（AR）/体积（V）]<距离>：_angle
选择圆弧、圆、直线或 <指定顶点>：(若选择直线)
选择第二条直线：(选择直线)

（4）查询面积　测量对象或定义区域的面积和周长，测量值显示在命令行中。注意：无法计算自交对象的面积。

【操作】单击"工具 / 查询 / 面积"命令，命令行提示如下：

命令：_measuregeom

输入选项 [距离（D）/半径（R）/角度（A）/面积（AR）/体积（V）] <距离>：_area

指定第一个角点或[对象（O）/增加面积（A）/减少面积（S）/退出（X）] <对象（O）>：

【说明】

1）指定（第一个）角点：计算由指定点所定义的闭合区域的面积和周长。

2）对象（O）：计算对象区域的面积和周长。对象是"单一多段线"或"面域"。

3）增加面积（A）：打开"加"模式，并在定义区域时即时保持总面积。

4）减少面积（S）：从总面积中减去指定的面积。

三、任务实施

1）绘制接触环图形。

2）创建面域。单击 "面域"命令，命令行提示如下：

命令：_region

选择对象：（窗选对象，右下角单击）指定对角点：（左上角单击）找到14个

选择对象：（按〈Enter〉键）

已提取3个环

已创建3个面域

3）布尔运算"差集"。单击"修改 / 实体编辑 / 差集"命令，命令行提示如下：

命令：_subtract 选择要从中减去的实体、曲面和面域...

选择对象：（选择外形面域）找到1个

选择对象：（按〈Enter〉键）

选择要减去的实体、曲面和面域...

选择对象：（选择圆面域）找到1个

选择对象：（选择圆面域）找到1个，总计2个

选择对象：（按〈Enter〉键）

4）新建 UCS 原点，如图 9-12 所示。

命令：ucs

当前UCS名称：*世界*

指定UCS的原点或 [面（F）/命名（NA）/对象（OB）/上一个（P）/视图（V）/世界（W）/X/Y/Z/Z轴（ZA）] <世界>：（对象捕捉大圆心，单击鼠标左键）

指定X轴上的点或 <接受>：（按〈Enter〉键）

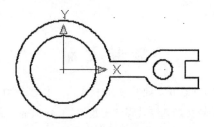

图 9-12　新建 UCS 原点

5）查询质量特性。单击"工具 / 查询 / 面域 / 质量特性"命令，命令行提示如下：

命令：_massprop
选择对象：(选择接触环面域) 找到 1 个
选择对象：(按〈Enter〉键)

弹出面域 / 质量特性"AutoCAD 文本窗口"，如图 9-13 所示。其中显示了接触环的质量特性，如面积、周长、质心等。

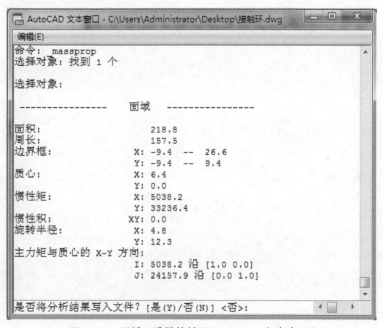

图 9-13　面域 / 质量特性"AutoCAD 文本窗口"

参 考 文 献

[1] 武永鑫，薛颖操 . 机械 AutoCAD2010 实训教程 [M]. 合肥：中国科学技术大学出版社，2011.

[2] 曾令宜 .AutoCAD2010 工程绘图技能训练教程（土建类）[M]. 北京：高等教育出版社，2011.

[3] 王国伟 .AutoCAD2010 机械绘图实例教程 [M]. 北京：机械工业出版社，2011.

[4] 毛杰 . 计算机辅助绘图 [M]. 杭州：浙江大学出版社，2004.

[5] 张焕，何伟利，李笑勉 . 计算机绘图——AutoCAD2010[M]. 武汉：华中科技大学出版社，2013.

[6] 金大鹰 . 机械制图（机械类专业）[M]. 4 版 . 北京：机械工业出版社，2015.